LES VACANCES

MUST ORSAY

premium guide for world's leading travelers

KB211174

머스트 오르세

imagine

Meet Paris in the Orsay

오르세에서 파리를 만나다

아스라한 환영 같은 모네의 색감
뜨거운 에너지가 꿈틀거리는 고흐의 붓 터치
생동감과 고뇌로 뒤엉킨 로댕의 조각들 속에서
파리를 만나는 곳

파리에 오르세가 있는 것이 아니라, 오르세에 파리가 났다.

눈 앞의 아스라한 환영 같은 모네의 색감 속에,
꿈틀거리는 뜨거운 에너지가 담긴 고흐의 붓 터치 속에
그리고 살아있는 듯한 생동감과 깊은 고뇌가 뒤엉켜 있는 로댕의 조각들 속에서
파리를 만나는 곳이 오르세다.

교과서에서 때론 캘린더에서 보던 명작들이 눈 앞에 수백 점씩 걸려있는
황홀한 순간을 당신은 잊지 못하리라.

머스트 오렌세 편과 함께 가슴 속 깊은 곳에 남아
파리를 오래도록 잊지 못하게 할 몇 점의 작품들을 만난다면,
파리를 떠날 때 언젠가 다시 오리라 다짐할 것이다.

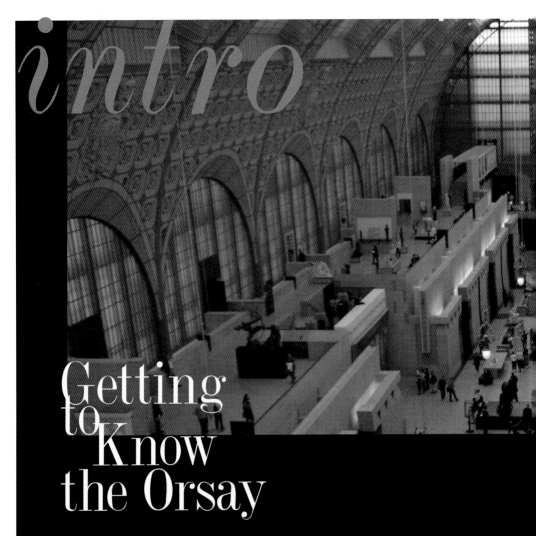

intro

Getting to Know the Orsay

인상주의의 모든 것,
오르세와 19세기 후반의 상관 관계,
새로운 개념의 박물관 탄생 스토리

오르세 관람을 보다 재미있고 풍부하게 해줄 이야기들　　　　박물관과 미술관으로 넘쳐나는 문화 예술의 도시 파리에서 딱 한 곳만 봐야 한다면, 제1순위로 꼽을 수 있는 곳이 오르세이다. 모네의 〈생 라자르 역〉, 르느와르의 〈피아노 치는 여인들〉, 밀레의 〈만종〉, 마네의 〈피리 부는 소년〉 등이 서울 나들이를 하기도 했지만, 흔히 보던 그림들의 원작이 걸려있는 오르세는 루브르보다도 우리에게 훨씬 더 친숙한 곳이다.

오르세는 1848년부터 1차대전 직전까지 이어지는 짧은 기간 동안의 회화, 조각, 건축, 디자인, 사진 작품들을 소장하고 있다. 프랑스에서 19세기 후반은 사회, 문화, 예술 등 모든 면에서 가장 많은 변화가 격렬하게 일어

낯던 기간이었다. 인상주의는 추상화의 가능성을 열어놓았고, 로댕은 인체의 전체상을 벗어나 손이나 머리만을 조각하면서 인간 내면을 표현할 수 있는 길을 마련했다. 순수 예술과 건축, 디자인의 경계가 무너져 여러 분야가 서로 영향을 주고 받으며 동시에 움직이기 시작했고, 이 융합의 일환으로 아르누보가 등장했다.
매스미디어의 발달로 연재소설이 등장했고, 사진과 기차가 발명되었으며, 영화가 탄생했다. 부르주아는 사회의 중심계층이 되어 문화와 예술을 소비하는 고객이 되었다.

19세기 후반은 '혁명과 반동'으로 점철된 프랑스 역사의 축소판인 동시에, 우리가 살고 있는 21세기까지 영향을 미치며 여전히 진행 중인 변화의 출발점이기도 하다. 이러한 문화사적 중요성을 인식한 결과물로 탄생한

박물관이 오르세다. 19세기 후반이라는 특정 시기에 집중한 오르세의 박물관 개념과 전시 계획이 대성공을 거둔 것은 어쩌면 당연한 결과인지도 모른다.

루브르 박물관, 퐁피두 국립현대미술관과 더불어 파리의 3대 박물관으로 꼽히는 오르세는 이 두 박물관과의 관계에서도 매우 중요한 역할을 담당하고 있다. 루브르를 거쳐 퐁피두에서 막을 내리는 인류의 문명사에서 그 둘을 잇는 연결고리이기 때문이다. 중세에서 현대로 넘어오는 짧은 격변기를 통해 과거와 현재를 동시에 보여주는 곳, 그것이 바로 오르세다.

EDITOR'S LETTER

20세기의 문,
오르세

밀레, 마네, 모네, 르느와르, 드가 그리고 세잔느, 반 고흐, 고갱, 마티스……. 또 로댕, 부르델, 마이욜……. 19세기 후반은 이들의 시대였다. 하지만 모두들 얼마나 힘든 시간을 보냈던가. 500년 동안 유럽을 지배한 르네상스의 세계관을 뒤집어 엎고 새로운 시대를 연다는 것이 쉬운 일이었겠는가. 하지만 당시 누구도 이들이 무엇을 하고 있는지 깨닫지 못했다. 약 100년이 지난 1986년에 문을 연 오르세는 이들 화가, 조각가들이 일으킨 문화사적 혁명이 이제 박물관에 들어올 정도로 완성되었다는 것을 의미한다.

원근법이 허물어지고 있었으며, 성서와 그리스 로마 신화를 떠난 인상주의 화가들은 야외로 나가 직접 사물을 보고 현장에서 그림을 그렸다. 모네의 캔버스에는 백사장의 모래가 그대로 묻어있기도 했다. 이렇게 해서 머리가 아니라 눈으로 그리고 가슴으로 그린 추상화가 시작된 것이다.

로댕은 공공 건물을 장식하는 조각에서 벗어나 다시 조각을 부활시켰다. 〈생각하는 사람〉이 들어가 있는 〈지옥의 문〉이 탄생되었을 때, 100여 점의 작품으로 이루어진 이 대작은 '지옥의 문'이 아니라 '20세기의 문'이었다. 오르세에 들어서는 것은 이 '20세기의 문'으로 들어서는 것을 뜻한다.

대부분의 박물관과 미술관들은 파리 루브르, 뉴욕 메트로폴리탄처럼 길게는 수 천년 짧게는 몇 백 년 동안의 유물과 예술품들을 전시하기 마련이지만, 오르세는 1848년에서 1914년 제1차 세계대전까지 이어지는 약 60년 동안의 작품들을 소장하고 있다. 기차가 발명되었고 사진술이 등장했으며, 여러 국가를 순회하며 만국박람회가 열리면서 이미 지구촌 시대의 막이 오르고 있었다. 오르세에는 당시의 이 모든 흐름이 혁명과 변화를 이끌었던 걸작들과 함께 소장되어 있다. 천천히 걸작들을 음미하며 우리가 살고 있는 현대가 태어나던 때로 돌아가 보자.

카페 데 오퇴르에서 센느 강을 바라보며,
저자 정장진

루브르보다 덜 붐비지만, 그보다 더 진지한
단체 관람객의 비중을 따진다면 오르세가 루브르에 밀릴지도 모른다.
하지만 차분하고 진지하게 미술을 즐기는 분위기로는 오르세가 한 수 위다.

CONTENTS

최고의 미술관이 되기 위한 조건

1900년 만국박람회 때 지어진 호텔과 기차역을 미술관으로 개조할 당시, 건물의 원래 구조를 최대한 살리는 것이
기본 방침이었다. 특히 자연 채광이 가능한 거대한 아치형 유리 천장은 미술관으로 쓰이기에 가장 좋은 조건이었다.

 020
 033
 042

CONTENTS

LES VACANCES
MUST
ORSAY
머스트 오르세

LES VACANCES MUST
Vol. 02

발행	Publisher	정장진 Jung, Jang Jin
부사장	Vice-president	박관호 Park, Kwan Ho
이사	Director	박종윤 Park, Jong Yoon

Editorial Dept.

편집장	Editor-in-Chief	정장진 Jung, Jang Jin
에디터	Editors	김지현 Kim, Ji Hyoun
		표영소 Pyo, Young So
		김수희 Kim, Soo Hee

Design Dept.

편집 디자인	Designers	이미선 Lee, Mi Sun
		김은주 Kim, Eun Ju
지도 디자인	Designers	정명희 Jung, Myoung Hee

Photograph Dept.
Les Vacances Photo DB

㈜레 바캉스 **Les Vacances**

사장	President	공윤근 Kong, Yun Gun

서울 강남구 논현동 210-3 SH빌딩 5층
5F, 210-3, Nonhyun-dong, Gangnam-gu, Seoul 135-996, Korea
Tel. 82 2 546 9190 / Fax. 82 2 569 0408
상표출원번호 200838351

인쇄 | 2008년 11월 10일 / 연미술
발행 | 2008년 11월 15일 / 레 바캉스

—
레 바캉스 MUST는 여행 중에 꼭 소지하고 있어야 할 정보만을 엄선해
제공합니다. 현지에서 레 바캉스 웹사이트를 이용하면 최신 뉴스는 물론
더 많은 명소와 레스토랑, 카페, 쇼핑, 호텔 정보를 얻을 수 있습니다.
www.lesvacances.co.kr

카페 데 오퇴르 Café des Hauteurs

박물관 꼭대기 층에 자리한 카페. 박물관 외벽에 있는 커다란 시계 뒤편에
위치해 있어 유리 너머로 센느 강과 튈르리 궁이 보인다. 그림을 관람하다
지치면 커피 한 잔 곁들이며 잠시 쉬어갈 수 있는 곳이다.

오르세에서만 볼 수 있는 모뉴먼탈 아트

19세기 후반 파리에서는 건물과 광장을 장식하는 기념물 조각과 회화가 크게 유행했다.
플라톤의 강의를 주제로 한 그림은 대학을 상징했고, 천문대에는 지구의를 받치고 있는 네 명의 여인상이 놓여졌다.

오르세의 속살
건축을 맡았던 빅토르 랄루는 센느 강의 아름다운 풍경, 건너편의 튈르리 궁 등
주변과의 조화를 생각해 오르세의 철골 구조물을 벽 뒤로 감춘다.
유리와 강철을 사용해 단단하게 지은 오르세가 차갑고 황량한 느낌 대신 밝고 따뜻한 분위기를 갖게 된 것이 바로 이 덕분이다.

Icon

From Station to Museum • Orsay, museum or gallery? • Museum Triangle
• Impressionism, a school or an ism? • Rendez-vous fine art and music

오르세에 걸린 대형 시계의 비밀 / 오르세, 미술관인가 박물관인가? / 삼각지대 /

인상주의인가 인상파인가? / 오르세의 콘체르토

Special Keywords Featuring the Orsay 〉 오르세를 말하다, 오르세 대표 아이콘

루브르는 거의 찾지 않는 파리 사람들도 오르세에는 자주 들러 관심을 갖고 지켜본다. 정부가 허물어버리려던 옛 기차역을 되살린 것이 바로 그들이기 때문이다. 기차역에 달려있던 거대한 옛날 시계, 디지털 시대의 아날로그지만 지금도 정확하게 작동하고 있다. 세계 최초의 리모델링 박물관인 오르세는 전 세계 큐레이터들의 필수 견학 코스이기도 하다. 화력발전소를 미술관으로 개조한 런던 테이트 모던이 대표적인 모방작이다.

오르세를 많은 이들이 갤러리 혹은 미술관으로 부르는데, 이는 오르세를 잘 모르고 하는 말이다. 과거 플랫폼이었던 탁 트인 공간으로 들어서면 회화와 조각, 아르누보 가구, 실내 장식, 그리고 19세기 후반의 오페라 인근 도시 계획과 사진까지 모든 것을 볼 수 있다. 오르세는 갤러리, 즉 미술관이 아니라 박물관인 것이다.

파리를 찾는 외국 관광객의 90%는 루브르만 보고 오페라 가를 거쳐 백화점으로 간다. 현대미술관인 퐁피두도 안에 들어가기 보다는 탱글리 분수에서 사진만 찍고 발걸음을 돌린다. 하지만 오르세에 일단 발을 들여놓은 이들은 모든 일정을 취소하고픈 충동에 사로잡히고 만다. 뮤지엄 트라이앵글의 중심에 있는 오르세를 가장 먼저 찾지 않은 것을 후회하면서, 말로만 듣던 밀레, 마네, 모네, 르누와르, 드가, 세잔느, 반 고흐, 고갱…… 인상주의 회화들의 아름다움은 상상 이상이고, 이것이 곧 현대 회화의 문을 연 혁명이었음을 느낄 수 있기 때문이다.

운 나쁘게도 오르세가 문을 닫는 월요일에 파리에 떨어진 이들이라도, 성급하게 포기하지 말고 오르세를 찾아보자. 휴관일인 매주 월요일 2층 음악홀에서 '미디 트랑트' 콘체르토가 열리기 때문이다. '미디 트랑트', 12시 30분을 뜻하는 프랑스 어 로, 연주회가 이 시각에 열리기 때문에 붙여진 이름이다. 연말연시에는 중앙의 조각홀 전체를 음악홀로 바꾸어 대규모 오케스트라 연주회가 열린다. 인상주의 회화와 마이욜의 〈지중해〉를 옆에 두고 프랑스 국립관현악단의 연주로 인상파 음악가 드뷔시의 〈바다〉를 듣는 것이다.

FROM STATION TO MUSEUM
오르세에 걸린 대형 시계의 비밀

건물에 새겨진 도시 이름과 대형 시계가 일러주듯, 현재의 오르세는 1900년 만국박람회를 치르기 위해 지은 오르세 기차역과 객실 370개를 갖춘 대형 호텔 건물이었다. 건축가는 당시 에콜 데 보자르 건축학 교수였던 빅토르 랄루였다. 크기가 커진 기차를 더 이상 수용할 수 없게 되자 40년 후인 1939년 기차역은 폐쇄되었고, 그 후 우여곡절 끝에 건물 전체를 리모델링하여 1986년 박물관으로 문을 열었다.

오르세가 자리잡고 있는 센느 강변은 파리에서도 지식인들이 많이 드나드는 가장 우아하고 세련된 거리 중 하나다. 프랑스 학술원, 외무성 등이 자리잡고 있고 강 건너에는 루브르가 있다. 처음에는 옛 건물을 헐어버리고 다시 지으려고 했지만, 철골 구조의 높은 중앙 홀은 유리로 덮여있어서 자연 채광에 용이했고, 이는 인상주의 회화를 전시하는데 더없이 좋은 환경이었다. 센느 강을 사이에 두고 루브르와 마주하고 있는 위치, 19세기에서 20세기로 넘어가던 시기에 세워진 건물의 역사 등 여러 면에서 19세기 박물관으로 적합했다. 오르세는 이후 전 세계에 리모델링 붐을 일으키는 계기가 되었다.

ORSAY, MUSEUM OR GALLERY?
오르세, 미술관인가 박물관인가?

박물관과 미술관의 개념은 엄연히 다르다. 오르세는 박물관임에도 불구하고 많은 사람들이 미술관으로 부르곤 하는데, 이는 오르세에 사실주의, 인상주의, 상징주의 등 19세기 말 여러 미술 사조를 대표하는 걸작 회화와 조각이 다수 소장되어 있어 생긴 오해다. 오르세의 설립 취지나 프랑스 학계에서 1848년부터 1차 세계대전 직전까지의 약 60년이라는 기간에 부여하고 있는 문화사적 중요성을 이해한다면 오르세를 미술관으로 지칭하는 것은 큰 실수임을 알게 될 것이다.

오르세에는 걸작과 졸작들이 함께 전시되어 있다. 이는 오르세가 걸작만 보여주는 일반 갤러리와는 다른 개념에 입각해 있는 곳임을 일러준다. 과거에는 살롱전 당선작이었지만 이제는 이름조차 낯선 예술가들의 졸작은, 문화사적 관점으로 바라볼 때만 의미를 지니기 때문이다. 또한 오르세에는 19세기 후반의 도시 계획과 건축, 실내 디자인에 관련된 소장품들이 전시되어 있다. 순수 예술과 디자인 등 응용 예술이 본격적으로 융합되어가는 현대 미술의 출발점을 보여준다.

오르세에는 미술만이 아니라, 19세기 후반의 문학, 영화, 언론, 사진에 대한 자료들이 함께 전시되어 있다. 사실주의, 자연주의, 상징주의는 미술 사조인 동시에 문학 사조였으며, 보들레르, 고티에, 졸라, 말라르메 등 프랑스 시인과 작가들은 모두 미술 평론가 이기도 했다. 고티에처럼 살롱전 심사위원장을 맡은 문인도 있었고, 인상주의는 음악 사조이기도 했으며, 도미에 같은 화가는 당시 신문이나 잡지에 캐리커처를 발표하며 사회를 비판하는 선봉에 서기도 했다. 이런 이유로 오르세는 단순히 갤러리, 즉 미술관 으로 부를 수 없는 곳이다.

CENTRE POMPIDOU
■

MUSÉE DU LOUVRE
■

■
MUSÉE D'ORSAY

MUSEUM TRIANGLE
삼각지대

오르세는 루브르와 다리 하나를 사이에 두고 센느 강 건너편에 자리잡고 있고, 루브르에서 10분만 걸으면 현대미술관인 퐁피두 센터가 나온다. 파리의 대표적인 박물관 세 곳이 트라이앵글을 이루며 가까운 거리에 모여 있다. 과거와 끊임없이 소통하면서 발전해 가는 것이 예술이다. 박물관의 목적이란 개별 작품을 전시하는 것이 아니라 이렇게 서로 영향을 주고 받으며 변화해 온 그 과정을 보여주는 것인지도 모른다.

19세기 이전 작품을 볼 수 있는 루브르, 19세기 중반부터 20세기 초 사이의 작품을 소장하고 있는 오르세, 그리고 이후의 현대 미술이 전시된 퐁피두 국립현대미술관. 파리의 박물관 삼각지대에서는 고대 문명에서부터 인상주의를 거쳐 팝 아트와 비디오 아트에 이르는 미술사가 하나로 이어지고 있다. 오르세를 포함해 도심에 자리한 이 세 박물관은 서로 분리되어 있지만 동시에 하나의 거대한 박물관과도 같다. 이러한 관점에서 보면 오르세가 루브르와 퐁피두를 연결하는 중요한 역할을 하고 있음을 알 수 있다.

IMPRESSIONISM, A SCHOOL OR AN ISM?
인상주의인가 인상파인가?

찌그러진 진주를 뜻하는 말에서 나온 바로크, 로마 인들이 고트 족을 야만인으로 취급하면서 생긴 고딕, 격렬한 원색을 사용했기 때문에 사자나 호랑이 같은 야수를 지칭하는 말이 미술 사조를 지칭하는 말이 된 야수파……. 많은 사조들이 처음에는 조롱과 경멸을 받으며 순탄치 못한 상황에서 나왔다. 인상주의 역시 마찬가지이다. 한 기자가 모네의 〈떠오르는 태양, 인상〉을 보며 미완성의 분위기가 물씬 풍기는 그림을 조롱하기 위해 제목에 들어간 인상이라는 말을 비꼬아서 인상주의라고 부르면서 시작되었다.

인상주의는 때론 인상파라고 불리기도 하고 간혹 외광파外光派라고 불리기도 한다. 이 세 단어가 모두 틀린 말은 아니지만, 인상주의 화가들을 지칭할 때는 그 차이를 정확하게 구분할 필요가 있다. 프랑스 어의 야외를 지칭하는 말인 '플레네르Plein Air'를 번역한 외광파의 경우에는 아틀리에에서 그림을 그리던 오래된 관습에서 벗어나 직접 야외에서 그린 그림을 가리킨다. 이렇게 보면 파리 인근의 바르비종에서 그림을 그렸던 코로, 도비니, 루소, 밀레를 포함해 인상주의 화가들이 모두 외광파에 속하게 되기 때문에 인상주의 화가들을 지칭할 때는 가급적 사용하지 않아야 할 표현이다. 인상파는 인상주의에 보다 본격적으로 참여하고 끝까지 이 미학적 신조를 견지했던 화가들을 지칭하는 좁은 의미로만 사용되는 용어다. 모네, 피사로, 시슬레 등이 이에 속한다. 하지만 어떤 선언을 한 적도 없고 협회를 결성한 적도, 또 유파를 형성한 적도 없기 때문에 인상파라는 용어도 그리 적절한 표현은 못된다.

인상주의는 이전의 예술과는 뚜렷한 차이점을 보이는 하나의 경향과 그 경향의 미학적, 철학적 근거를 함께 지칭하는 말로서 가장 정확한 표현이라고 할 수 있다. 모네, 피사로, 시슬레를 포함해 당시 젊은 화가들은 모두 야외로 나가 작업을 했고, 풍경 이외에도 일상 생활과 거리 모습을 빠른 터치로 화폭에 담았다. 마네, 르느와르, 세잔느, 드가, 반 고흐 등은 자신들의 독창적인 화풍을 찾아 인상주의를 벗어났지만, 이들을 인상주의 화가로 볼 수 있는 이유가 여기에 있다. 이들은 모두 일본 판화 우키요에와 사진술로부터 영향을 받았으며, 무엇보다 성경과 신화 혹은 역사책이나 문학으로부터 벗어나 색과 형태라는 미술 고유의 언어를 통해 현실을 재현하려고 했던 공통점을 지니고 있다.

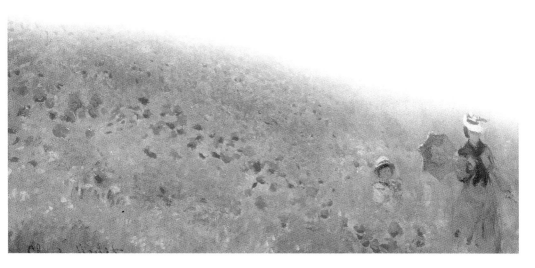

RENDEZ-VOUS FINE ART AND MUSIC
오르세의 콘체르토

파리 사람들 중에서도 오르세에서 음악회가 열린다는 사실을 아는 사람은 그리 많지 않다. 박물관 정기 연주회인 '미디 트랑트^{Midi} Trente'는 박물관 휴관일인 매주 월요일, 2층 음악홀에서 열리는 공연으로 매니아 층이 형성되어 있을 정도다. '미디 트랑트'라는 이름은 12시 30분을 뜻하는 프랑스 어로, 연주회가 이 시각에 열리기 때문에 붙여진 것. 이외에도 수많은 연주회가 열리는데, 연말연시에는 중앙의 조각홀 전체를 음악홀로 바꾸어 대규모 오케스트라 연주회가 열리곤 한다.

카르포와 로댕의 조각, 앵그르와 밀레의 그림을 배경으로 세계 최고의 오케스트라 중 하나인 프랑스 국립관현악단이 부르크너의 교향곡을 연주하는 것이다. 단순히 작품 감상만을 위해 오르세를 방문하는 것에서 그치지 말고, 미리 공연 정보를 알아두면 미술과 음악이 만나는 황홀한 예술 여행을 할 수 있다. 입장료도 크게 비싼 편이 아니므로 부담 없이 즐길 수 있다.

미술과 음악이 만나는 공간, 오르세로의 황홀한 예술 여행

MUSEE D'ORSAY

Know-how to Explore the Orsay
오르세 관람 요령 및 추천 일정

MUST 오르세 편은 관람 일정에 2~3시간의 여유 밖에 없는 사람부터 이틀 이상의
시간을 할애할 수 있는 사람까지 누구나 유용하게 활용할 수 있다. MUST를 활용해
오르세를 좀 더 쉽고 알차게 관람하는 방법을 소개한다.

Itinerary⁺

|일정별 관람 요령|
관람시간 2~3시간 이내 〈MASTERPIECE〉의 관람 순서를 참고한다.
오르세 관람에 할애할 수 있는 시간이 두세 시간뿐이라면 대표작품을 중심으로 볼 수 밖에 없다. 이 경우에는 먼저 관람할
작품과 위치를 미리 파악한 후, 1층-3층-2층의 순서로 돌아보는 것이 효율적이다. 볼만한 작품과 위치를 미리 파악하지
않고 관람을 시작하면, 눈에 띄는 작품이 많아 시간 할애를 제대로 하지 못하는 경우가 많기 때문이다. 이때는 MUST의
〈MASTERPIECE〉를 참조하면 가장 쉽고 빠르게 오르세의 대표작을 만날 수 있다.
〈MASTERPIECE〉는 아카데미즘부터 사실주의, 인상주의, 아르누보에 이르기까지 19세기 후반을 지배했던 다양한 사조를
훑어볼 수 있도록 선정했다. 따라서 회화는 물론, 조각, 인테리어 등 이 시기를 대표하던 여러 유형의 작품을 고루 관람
할 수 있다.

관람시간 3시간~반나절 〈THEME〉에서 관심 있는 주제를 관람 루트에 추가한다.
관람 일정에 보다 여유가 있는 사람은 〈THEME〉를 미리 읽으면 보다 알차게 관람할 수 있다. 마네의 〈풀밭 위의 식사〉,
〈올랭피아〉, 모네의 〈수련 연못, 적색 하모니〉, 고흐의 〈오베르 쉬르 와즈 성당〉 등 〈MASTERPIECE〉에 포함되지 않은
주요 작품들도 〈THEME〉에서 심층적으로 다루었다. 〈THEME〉에서는 인상주의, 아르누보, 19세기 후반의 조각 등과 같이
하나의 주제에 관련된 작품들을 묶어서 소개하여, 각각의 주제를 하나의 관람 루트로도 이용할 수 있다. 각 작품의 상세
위치를 표기해 놓았으므로 이중에서 관심 있는 작품만 골라 〈MASTERPIECE〉의 루트에 추가해도 좋다.

관람시간 1일 이상 〈COLLECTION〉에서 관심 있는 작품을 찾아본다.
더 많은 작품에 대해 알고 싶은 사람은 〈COLLECTION〉을 참고한다. 〈COLLECTION〉에서는 오르세의 나머지 작품들을
층별로 정리해 두었다. 각 작품의 사진과 함께 핵심적인 작품 해설을 곁들여, 직접 보지 않고도 오르세의 작품 컬렉션을
일목요연하게 파악할 수 있다. 물론 자세한 위치도 함께 표기해 두었기 때문에 관심 있는 작품은 직접 찾아보면 된다.

Itinerary

Itinerary++

|오르세 관람 전 알아둬야 할 5가지|

1. **원래 기차역 건물이었던 곳을 박물관으로 개조했기 때문에 들어서자마자 건물의 전체 구조를 한눈에 알 수 있다.** 건물 구조가 간단해 비교적 관람이 쉬운 편이다. 센느 강을 바라보고 있는 박물관 입구로 들어가면 서점 및 기념품점과 기타 편의 시설들이 위치해 있으며, 한국어를 포함해 여러 언어로 작성된 안내 팸플릿이 비치되어 있다.

2. **오르세는 총 5층으로 이루어져 있으나 그중 전시 공간으로 활용되는 것은 세 층뿐이다.** 따라서 MUST 오르세 편에서는 구분이 쉽도록 1, 2, 3층으로 표기했다. 오르세에 비치된 팸플릿에는 프랑스 어식으로 0, 2, 5층으로 표기되어 있으니 참고하자.

3. **1층에는 19세기 후반 프랑스 조각들이 전시된 중앙 통로를 중심으로** 좌우에 후기 낭만주의와 신고전주의, 사실주의, 초기 인상주의 회화들이 자리잡고 있다. 들라크루와, 앵그르, 쿠르베, 밀레, 마네, 모네의 일부 작품을 볼 수 있다. 1층 끝에는 19세기 후반, 파리 오페라 하우스를 중심으로 진행된 파리 도심 재개발 상황이 모형으로 전시되어 있다.

4. **이 모형 인근에 3층으로 올라가는 에스컬레이터가 자리해 있다.** 1층을 관람한 후 바로 3층으로 올라가 관람하는 것이 일반적인 코스다. 3층에는 인상주의와 후기 인상주의의 걸작들이 걸려있다. 모네, 피사로, 시슬레, 르느와르, 드가, 반 고흐, 고갱, 세잔느, 쇠라의 작품 등이 모두 3층에 전시되어 있다.

5. **2층은 1층이 내려다보이는 발코니 구조로 이루어져 있다.** 좌우로 로댕, 카미유, 마이욜, 부르델 등의 19세기 걸작 조각들이 전시되어 있으며, 19세기 후반의 건축, 실내 디자인, 문학, 언론, 사진 등도 볼 수 있다.

※ 소개된 작품 중 일부는 해외 전시 및 보수 등 오르세 내부 사정으로 인해 위치가 변경되거나 전시되지 않을 수도 있다.

Masterpiece

Great Works You Must See 〉 오르세에서 꼭 봐야할 작품

미술 교과서는 물론이고 캘린더와 머그컵 등에 가장 많이 응용되는 그림들이 모두 모여 있는 곳이 오르세다. 그러나 이 작품들은 발표될 당시에는 대부분 거센 반발에 부딪쳤고, 심지어 분노한 관람객들 때문에 경찰관이 보초를 서야 했던 작품들도 있다.

카르포의 〈춤〉은 여인 누드를 조각했다는 이유로 한 기독교 신자가 던진 검은 잉크를 뒤집어 써야만 했고, 〈아틀리에〉를 그린 쿠르베는 여자 누드 옆에 어린 아이가 있다는 비난을 듣고 살롱전에서 낙선을 하자 스스로 텐트를 치고 그림들을 전시하기도 했다. 마티스와 불라맹크의 그림들은 호랑이나 사자 같은 야수를 지칭하는 말로 웃음거리가 되어야 했다.

오늘날에는 경매가 1억 달러에 달하는 반 고흐의 그림도, 그의 생전에는 물감 값을 치르기에도 부족했다.

세잔느는 당시 대중들의 몰이해에 아랑곳하지 않고 낙향하여 은자처럼 묵묵히 그림만 그리다 숨을 거둔 화가이지만, 20세기 미술사의 첫 페이지에는 그의 〈사과와 오렌지〉라는 정물화가 등장한다. 한번도 미술학교를 다닌 적이 없었고, 세관원으로 일하며 일요화가로 활동했던 앙리 루소는 그야말로 무명의 화가였다.

19세기 후반에 가장 인기를 끌었던 작품들이 현재는 졸작이 되었고, 당시 졸작으로 욕을 먹었던 그림들은 이제 걸작이 된 것이다. 졸작도 함께 전시하는 오르세에서는 이 뒤바뀐 역사를 직접 확인할 수 있다. 걸작들은 한 점 한 점이 모두 논쟁과 스캔들로 얼룩진 작품들이며, 오르세의 대표작들은 다른 그림들까지 모두 설명해주는 작품이다.

Danse
춤

01

몸에서 들리는 소리

춤을 상징하는 중앙의 인물을 중심으로 님프들이 흥겹게 원무를 추고 있는 이 조각은 생생하게 살아 있는 인물들의 표정과 마치 음악 소리가 들리는 듯한 율동감 등으로 돌로 만든 것 같지 않은 신비감을 자아내는 걸작이다. 특히 미소와 시선을 묘사한 카르포의 솜씨에서는 요기마저 느껴진다. 하지만 1869년 여름, 처음 공개되었을 당시에는 지나치게 외설스럽다는 이유로 온갖 비난에 시달렸던 작품이다. 군중들이 잉크에 적신 걸레를 조각을 향해 던지는 일이 있을 만큼 홀대를 받았지만, 한편으로는 주로 황실 발주 작업을 맡아왔던 19세기 조각가 카르포의 이름을 세상 사람들에게 각인시키는 계기가 된 작품이기도 하다. 파리 오페라 하우스의 설계를 맡은 가르니에는 연극, 드라마, 노래, 오페라 등 오페라 하우스를 상징하는 장식 조각을 주문했고, 이 중 춤이 카르포에게 맡겨지게 된 것이다. 이 작품은 1964년까지 원래 설치되었던 자리에 남아있다가 오랜 세월 비바람에 손상되어 현재는 실내로 옮겨졌다.

그의 또 다른 작품인 〈황세자와 애견 네로〉(1865, 석고, 44x16cm)는 프랑스 제2제정의 황제였던 나폴레옹 3세의 황세자와 애견 네로를 묘사한 특이한 작품이다. 대형 기념물 조각과 낭만적인 주제를 다루던 조각가가 모든 작업을 중단한 채 만든 것으로, 작은 소품이지만 조각가가 어린 황세자에게 갖고 있던 애정이 듬뿍 담겨 있다. 특히 애견 네로의 목을 쓰다듬는 황세자와 황세자를 올려다 보는 네로의 표정이 차분하면서도 실감나게 표현되어 있다.

〈19세기 후반 조각〉
장 바티스트 카르포(1827-1875), 1866-1869, 석재, 298x145cm
1층 중앙 통로 (Rez-de-chaussée, Nef)

02 L'Atelier du peintre
화가의 아틀리에

사실주의 선언서

'나의 지난 7년간의 예술적 윤리적 삶을 결산하는 실제의 알레고리' 라는 부제가 달린 이 작품은 쿠르베의 사실주의 선언서 같은 작품이자, 그에 동조하는 지식인, 정치인, 예술가들의 집단 시위이기도 하다. 그림을 처음 접하는 이들을 당황하게 하는 거대한 크기 역시 화가의 반항적 의도가 들어간 작품의 한 요소이다.

〈아틀리에〉에서 쿠르베는 캔버스 앞에 앉아 풍경화를 그리고 있다. 쿠르베 뒤에는 한 여인이 누드의 몸으로 서 있고 그 앞에는 한 소년이 신기한 듯 그림과 여인에게서 눈을 떼지 못하고 있다. 그림을 보는 이들은 여인의 누드 때문에 그림의 중앙 부분을 차지하고 있는 이 세 명의 인물들에게 시선이 먼저 끌리게 되는데, 여기서 묘한 모순을 발견하게 된다. 여인은 모델처럼 옷을 벗고 포즈를 취하고 있지만 화가는 정작 누드가 아니라 풍경화를 그리고 있다. 뿐만 아니라 여인의 누드 앞에 찢어진 옷에 나막신을 신은 소년이 서 있다는 것도 어울리지 않는다. 쿠르베는 모순된 상황과 사실적인 표현으로 당시의 상황을 풍자, 비판하고 있는 것이다. 가난한 소년은 당시 착취 받고 있는 민중을 상징한다고 해도 결코 과장된 해석이 아니다.

왼쪽 남자 누드의 발 밑에 해골이 놓여있는 신문은 당시 언론 사찰에 의해 어용 언론만 득세하는 상황에 대한 비유이다. 이 그림에는 쿠르베의 친구이기도 했던 유명인들도 등장하고 있다. 오른쪽 끝에 서 있는 머리가 벗겨진 인물은 당시 사회주의자였던 프루동, 그림의 오른쪽 끝에서 책을 읽고 있는 사람은 당시 〈살롱〉이라는 미술 비평지의 필자이기도 했던 시인 보들레르다.

〈사실주의 회화〉
귀스타브 쿠르베(1819–1877), 1855, 캔버스에 유채, 361x598cm
1층 7전시실 (Rez-de-chaussée, Salle 7)

L'Angélu
만종

소박한 시골 풍경이 주는 감동

수도 없이 복제되고 패러디 된 이 그림은 〈모나 리자〉와 함께 세계에서 가장 유명한 그림임에 틀림없다. 파리 남쪽 퐁텐느 블로 숲 인근의 작은 마을 바르비종을 배경으로 그려진 이 그림은 인근 전원에서 늦은 오후 일을 끝낼 쯤 울려오는 성당의 종소리에 잠시 일을 멈추고 기도를 드리는 부부를 묘사하고 있다. 더 이상의 부연 설명이 불필요할 만큼 단순하고 소박한 그림이다. 멀리 보이는 성당에서 들려오는 종소리, 땅거미가 지기 직전의 황혼 그리고 마치 조각처럼 서 있는 부부와 그들의 일용할 양식인 감자. 밀레는 노동으로 지친 이들의 얼굴을 절대로 클로즈업 시키지 않았다. 그래서 그의 그림에 등장하는 인물들은 무뚝뚝하고 바보처럼 보이기도 하지만 묘한 빛에 둘러싸인 그의 인물들에게서는 종교적 성스러움이 느껴진다.

반 고흐는 밀레의 그림들에서 이러한 단순함 속에 깃든 강인하고도 고요한 삶을 읽었고, 복제한 판화들을 보며 밀레 그림을 다시 그리곤 했다. 초현실주의 화가인 달리 역시 이 밀레의 〈만종〉을 여러 번 패러디해서 다시 그리기도 했다. 미국에 팔려간 그림을 백화점 재벌인 알프레드 쇼샤르가 구입해 1906년 정부에 기증했고, 오르세가 문을 열기 전에는 루브르에 걸려 있었다.

〈바르비종파 회화〉
장 프랑스와 밀레(1814-1875), 1857, 캔버스에 유채, 85.3x111cm
1층 센느관 (Rez-de-chaussée, Galerie Seine)

Le Fifre
피리 부는 소년

두 번 낙선한 걸작

이 유명한 마네의 그림은 1866년 살롱에 출품되었다가 낙선된 작품이다. 3년 전에도 그리고 1년 전인 1865년에도 낙선의 고배를 마셨던 마네는 계속해서 스캔들에 휘말리게 했던 여인 누드 대신 피리 부는 소년을 묘사한 그림을 출품했지만, 또 한번 낙선의 고배를 마셔야만 했다.

이번에는 심사위원들이 주제 자체가 아니라 원근법도 없고 배경도 없이 묘사된 그림의 테크닉을 문제 삼았다. 당시 심사위원들이나 관객은 소년이 아무런 배경도 없이 불쑥 나타난 탓에 인물이 왜 피리를 불고 있는지, 또 피리 부는 소년을 왜 그렸는지를 그림을 통해 이해를 할 수가 없었던 것이다. 행진을 하면서 피리를 불고 있다거나 혹은 옆에 북을 치는 다른 소년이라도 있었다면 그림은 쉽게 이해가 되었을 것이다.

그러나 마네는 이 그림에서 바로 배경을 생략함으로써 상황이나 이야기의 도움 없이 회화 그 자체의 힘으로, 다시 말해 색과 형태의 호소력으로 존재하는 회화의 특징을 그린 것이다.

〈피리 부는 소년〉이 낙선되자 에밀 졸라는 한 잡지에 당시 심사위원들의 편협함을 비난하는 글을 기고했고, 이것이 계기가 되어 마네에 대한 연구도 시작되었다. 이에 마네는 고마움을 표시하기 위해 〈졸라〉의 초상화를 그려주었는데, 이 작품도 오르세에 있다.

〈인상주의 회화〉
에두아르 마네(1832~1883), 1866, 캔버스에 유채, 161x97cm
1층 14전시실 (Rez-de-chaussée, Salle 14)

05

Femme à l'ombrelle tournée vers la droite, Femme à l'ombrelle tournée vers la gauche
오른쪽을 바라보는 양산을 쓴 여인, 왼쪽을 바라보는 양산을 쓴 여인

여인, 풍경이 되다

1887년 모네는 미술 비평가 테오도르 뒤레에게 보낸 한 편지에서 다음과 같은 말을 한 적이 있다. "지금까지 한번도 시도해보지 않았던 작업을 하고 있습니다. 야외에서 인물을 풍경화처럼 그려보는 것입니다. 이것이 내 변함없는 꿈이었고 지금도 그렇습니다."

이 두 그림은 모네가 손수 정원을 가꾸고 살던 북프랑스의 작은 마을 지베르니 인근, 작은 지천 엡트 강 어귀의 강둑에 선 두 번째 부인 알리사의 딸 쉬잔느를 그린 것이다. 두 그림에는 인물을 풍경화처럼 그리고 싶다는 모네의 열망이 고스란히 담겨있다. 휘날리는 스카프와 치마자락, 그리고 한쪽으로 누운 풀잎들은 바람이 불고 있음을 일러준다. 여인은 양산으로 빛을 가려 응달을 만들고 빛이 비치는 부분과 그렇지 않은 부분의 작은 차이를 만들어 내고 있다. 얼굴 표정도 동작도 거의 무시되고 있다. 이렇게 해서 인물은 풀들과 함께 바람에 몸을 맡긴 채 함께 흔들리고 햇빛의 영향을 받는 풍경이 되어 있다. 양산의 내부를 물들이고 있는 초록색은 화면 하단에 점점이 찍혀있는 초록색 점들과 연결되고 여인의 스카프 역시 연하게 녹색으로 물든다. 바람은 풍경의 구도를 변경시키지는 못하지만, 바람에 날리는 스카프가 얼굴을 덮는 식으로 풍경의 순간성을 강조한다. 바람은 여기서 시적인 이미지와 형이상학적 의미를 동시에 갖고 있다. 사물을 아름답게 만드는 모든 것의 배후에는 언젠가는 그것이 사라진다는 예감이 자리잡고 있다.

〈인상주의 회화〉
클로드 모네(1840~1926), 1886, 캔버스에 유채, 131x88cm
3층 34전시실 (Niveau Supérieur, Salle 34)

06

La Chambre de Van Gogh à Arles
아를르의 반 고흐의 방

화가가 사랑한 방

반 고흐는 아를르의 이 하숙집 방에 상당한 애정을 갖고 있었고 같은 그림을 세 점이나 남겼다. 가장 완성도가 높은 작품이 바로 오르세에 있는 작품이다. 비좁은 방은 대담한 원근법에 의해 마치 한 곳으로 급속하게 빨려 들어가는 듯한 인상을 준다. 민화를 연상시키는 서툴고 굵은 선들과 강렬한 원색들은 초라한 화가의 침실을 마치 주술에 걸린 것 같은 환상적인 세계로 바꾸어 놓았다. 하나하나의 사물들은 보잘것없는 일상을 벗어나 묘한 생명력으로 충만하다.

반 고흐는 이 방만이 아니라 방이 있는 〈노란 집〉도 그렸다. 그는 하숙집이었던 허름한 이 노란 집에서 고갱을 비롯한 화가들과 함께 예술가 공동체를 꾸리고 싶은 꿈을 갖고 있었다. 이는 결코 실현할 수 없는 이상에 불과했지만, 완전히 사회로부터 소외된 반 고흐에게는 유일한 출구이기도 했다.

〈인상주의 회화〉
빈센트 반 고흐(1853~1890), 1889, 캔버스에 유채, 57.5x74cm
3층 35전시실 (Niveau Supérieur, Salle 35)

Pommes et Oranges
사과와 오렌지

07

사과 하나로 일으킨 혁명

언뜻 보기에는 탁자에 놓여있는 사과와 오렌지, 그릇 몇 개를 그린 단순한 정물화에 지나지 않지만 조금만 자세히 들여다 보면 많은 것을 깨닫게 된다. 우선 그림에 묘사된 사물들의 구도가 전체적으로 불안해 보인다. 물병은 앞에서 본 것이고, 접시는 위에서 본 것이다. 식탁보는 흘러내릴 것 같지만 과일들은 고정되어 있고, 접시는 한없이 불안하지만 그 옆의 또 다른 과일 접시나 물병은 견고하게 고정되어 있다. 이렇게 해서 사물들은 이제 막 캔버스 속으로 들어온 것 같은 생경함을 유지하고 있는 것이다. 단일한 시공간 속에 존재하는 사물을 그린 것이 아니라 한 화면 속에 여러 개의 시공간을 그림으로 써 보는 이들에게 시공간과 함께 움직이는 사물들을 보여주고 있다. 관람자의 눈은 이 모든 미세한 차이를 한꺼번에 마주 하게 되는 것이다.

색 또한 마찬가지다. 차가운 느낌의 색과 따뜻한 색이 공존하고 있으며, 칙칙하고 두꺼운 질감의 커튼과 밝은 흰색의 식탁 보가 그림 속에 함께 들어와 있다. 공간 역시 빈 공간과 충일한 공간, 깊이와 평면이 동시에 존재한다.

세잔느는 조금만 시선을 바꾸어도 달리 보이는 사물들의 차이들을 추적해, 함께 있는 사물들이 서로 영향을 미치는 그 과 정마저도 놓치지 않았다. 이는 예술사적으로 큰 혁명이었다. 이 실험적인 회화는 자연히 동시대 사람들에게 이해 받지 못 했고, 세잔느는 거듭된 실패로 낙향해 마르세유 인근에서 평생 은자처럼 생활하게 된다. 하지만 당시 안목 있는 화가들은 대부분 그가 일으킨 혁명을 이해하고 있었으며, 피카소, 브라크 등의 입체파 화가들에게 지대한 영향을 주게 된다.

〈인상주의 회화〉
폴 세잔느(1839-1906), 1895-1900, 캔버스에 유채, 74x93cm
3층 36전시실 (Niveau Supérieur, Salle 36)

Danse à la campagne, Danse à la ville
시골 무도회, 도시 무도회

순수미 vs 세련미

제목에서 짐작할 수 있듯이 이 두 작품은 쌍을 이루는 연작이다. 1880년대 초에 그려진 두 그림은 르느와르가 인상주의에 경도되었을 무렵인 1870년대의 그림들과는 상당히 다른 양상을 보여주고 있다. 여전히 빛의 효과에 민감한 모습을 보이고 있지만, 인물이나 사물은 상당히 뚜렷한 윤곽선을 갖고 있다. 인상주의 운동이 한창 무르익었을 당시에는 르느와르 역시 다른 화가들처럼 빛을 표현하기 위해 데생을 무시해야만 했다. 하지만 모네의 후기 그림들이 일러주듯, 갈수록 추상화에 근접해가는 작품을 보면서 르느와르를 비롯한 초기 인상주의자들은 회화 자체에 대해 근원적인 질문을 던지지 않을 수 없었다. 1880년대 초의 작품들은 이런 질문에 대한 진지한 반성의 결과들이다. 데생은 훨씬 견고해졌고 세부 묘사도 강조되어 있으며 인물들의 표정은 단순한 분위기가 아니라 훨씬 깊이 있게 내면을 반영하고 있다.

실물 크기대로 그려진 이 두 그림은 시골과 도시라는 두 대립항을 유머러스하게 강조하고 있다. 남자의 품에 안겨있는 두 여인의 표정, 몸매, 의상 등이 의도적으로 비교되도록 그려져 있다. 시골 여인은 도시 여인보다 훨씬 몸이 뚱뚱하며 모자와 장갑은 원색의 촌스러움을 그대로 나타내고 있다. 표정 역시 오래 꿈꿔왔던 것이 이루어져 황홀한 듯한 표정이다. 반면 도시 여인은 모든 면에서 시골 여인과 반대로 묘사되어 있다. 호리호리한 몸매, 속마음을 숨기고 있는 모호한 표정, 세련된 무도복과 같은 계열의 흰색 장갑. 그래서 비슷한 구도의 두 작품에서 시골 여인을 그릴 때에는 얼굴이, 도시 여인을 그릴 때에는 뒷모습이 강조되었다.

〈인상주의 회화〉
르느와르(1841-1919), 1882-1883, 캔버스에 유채, 각각 180x90cm
3층 39전시실 (Niveau Supérieur, Salle 39)

La Charmeuse de serpents
뱀을 부리는 여인

09

현실과 환상을 넘나드는 매력

루소는 파리 세관에서 일을 하며 틈나는 대로 그림을 그렸던 화가다. 이러한 경력 때문에 흔히 세관원 루소라는 뜻의 '두아니에 루소Douanier Rousseau'로 불린다. 그림을 그릴 당시인 19세기 말엽에는 알아주는 사람도 별로 없는 무명 화가에 지나지 않았지만 지금은 전 세계 유명 박물관과 미술관에 그림이 소장되어 있는 대가에 속한다.

밝은 달이 떠 있는 한밤중, 울창한 열대림에서 한 여인이 뱀을 목에 걸친 채 피리를 불고 있다. 시간이 정지된 것 같은 고요함, 이국적 풍경과 시원으로 돌아간 것 같은 원시성, 낮과 밤의 경계를 허물어 버리는 몽환적 분위기는 고갱, 아폴리네르, 피카소 등이 이 그림에 열광했던 이유를 짐작하게 한다.

이 그림은 친구이자 화가였던 들로네가 인도 여행을 마치고 돌아온 어머니를 위해 루소에게 부탁한 그림이다. 한번도 프랑스 땅을 벗어난 적 없었던 루소는 인도 여행담을 들은 후 바로 파리 시내의 식물원으로 달려가 열대 식물들을 연구하기 시작했다고 한다. 루소는 이 작품 이후에도 유사한 분위기의 그림을 많이 그렸는데, 그가 그린 상상의 풍경 속에는 무의식적인 욕망이 꿈틀대고 있어, 보는 이들을 현실과 환상의 경계로 이끄는 매력을 발산한다. 앙드레 브르통과 같은 초현실주의자들이 루소의 작품에 찬사를 보냈던 것도 이런 이유에서였다.

〈나이브 아트〉
앙리 루소(1844-1910), 1907, 캔버스에 유채, 169x189cm
3층 42전시실 (Niveau Supérieur, Salle 42)

Luxe, calme et volupté
호사, 고요 그리고 관능

유토피아를 그리며

후기 인상파의 점묘 기법이 눈에 띄는 마티스의 이 작품은 화가가 자신만의 독특한 양식을 찾아 떠나는 출발점이 되는 작품이다. 이미 20세기가 시작되었고 후기 인상파는 그 영향력을 상실해가고 있었다. 하지만 일부 화가들이 후기 인상파로 부터 받은 영향은 결코 과소평가할 수 없다. 이른바 과학적 인상주의라 불리곤 하는 후기 인상파는 그 자체가 변화하면서 초기 쇠라의 작품에서 볼 수 있는 것과 같은 엄밀함을 벗어나 이미 상당히 서정적이 되어 있었다. 마티스는 바로 이 점묘 와 서정성의 결합에 주목했던 것이다.

이 작품은 2년 후 그려지는 〈삶의 환희〉의 습작에 해당하는 작품이다. 하지만 야수파의 강렬한 색과 서정성은 오히려 〈삶의 환희〉를 능가하며, 특히 후일 마티스의 작품세계를 지배하는 반추상적 변형의 기미마저 엿볼 수 있다.

19세기 프랑스 시인 보들레르의 유명한 시 〈여행에의 초대〉에서 주제를 가져온 이 작품은 유토피아에 대한 향수와 시정이 점으로 분할되면서 약해지기도 하고 강해지기도 하는 색들의 리듬에 맞추어 춤을 추는 듯한 착각을 불러 일으키고 있다. 이 작품은 후기 점묘파의 대표적 화가인 시냐크가 엥데팡당전에서 구입해 평생 소유하다 국가 소유가 되었다. 마티스는 피카소와 함께 20세기 프랑스 미술계를 양분한 대가였다.

〈후기 인상주의 회화〉
앙리 마티스(1869~1954), 1904, 캔버스에 유채, 98.5x118.5cm
3층 46전시실 (Niveau Supérieur, Salle 46)

Le Cirque
서커스

11

작은 점들이 이루는 세상

1891년 작인 〈서커스〉는 미완성으로 끝난 쇠라의 마지막 작품이다. 그의 작품 대부분이 고요한 시적 분위기를 풍기고 있는데 반해 이 작품은 말에서 서커스 단원이 뛰어 내리는 극적 장면을 묘사하고 있다. 쇠라는 놀라움과 즐거움이 한껏 느껴지는 서커스장의 분위기를 따뜻한 느낌의 황색과 적색을 사용해 표현했다. 이는 점묘법이 인물화나 풍경화에만 적용될 수 있는 것이 아님을 보여주려는 야심찬 시도였지만 화가의 때 이른 죽음으로 이 시도는 그만 중지되고 만다.

흔히 예술사에서 신인상주의 혹은 후기 인상주의로 분류되는 조르주 쇠라는 인상주의 화가들의 굵은 터치를 더 작은 점으로 축소시킨 점묘법을 창시한 사람이다. 사물의 형태와 색은 점으로 처리된 색조의 조화를 통해 암시될 뿐인데, 점 하나나는 그 자체로 의미가 없으며 이웃하는 점들이 함께 만들어 내는 효과를 통해서만 의미를 지니게 된다.

점묘법은 낭만주의 화가 들라크루와 인상주의자들이 염두에 두었던 색 이론에 바탕을 두고 있다. 다시 말해 색은 그것 자체로 불변하는 본질이 아니라 주위의 다른 색들과의 관계 속에서만 존재한다는 것이다. 쇠라는 이를 극단적으로 추구한 화가였다. 하지만 한편으로 자발적이고 감각적인 터치를 과학적으로 접근했다는 비난을 받게 된다.

화면은 면이나 터치가 아니라 무수히 작은 점으로 분할되지만 일정한 거리를 유지한 채 물러서서 보면 색점들이 어울려 자아내는 혼색의 효과를 볼 수 있다.

〈후기 인상주의 회화〉
조르주 쇠라(1859–1891), 1891, 캔버스에 유채, 185.5x152.5cm
3층 46전시실 (Niveau Supérieur, Salle 46)

Restaurant de la Machine à Bougival
부지발의 라 마쉰느 레스토랑

화폭 안에 색채로 핀 꽃

사이클 선수이자 바이올리니스트이기도 했던 아마추어 화가 블라맹크는 한번도 정식으로 미술 교육을 받은 적이 없었다. 난폭한 성격에 무정부주의자였던 그는 아카데믹하고 전통적인 양식에 의도적으로 반하는 그림을 그렸다. 그에게 중요한 것은 본능, 주관성, 자유 같은 것들이고, 강렬한 원색과 마치 전율하는 듯 끊어져 있는 선들로 이루어진 그의 그림은 묘사보다는 표현에 무게 중심이 쏠려 있었다. 이러한 점들은 그가 야수파로서 성공할 수 있는 요인이 되었다.

〈부지발의 라 마쉰느 레스토랑〉은 블라맹크의 대표작으로 그의 이름을 대중에게 널리 알린 작품이다. 실제로 이 작품에서 그의 야수파적 특성이 가장 잘 드러나고 있다. 사물의 그림자는 화면에서 완전히 사라졌고, 간간이 보이는 검은색마저 유채색처럼 빛나는 색의 향연을 펼쳐 보인다. 이미 회화는 인상주의로부터도 멀리 벗어나 있었다.

〈야수파〉
모리스 드 블라맹크(1876-1958), 1905, 캔버스에 유채, 60x81cm
3층 49, 50전시실 (Niveau Supérieur, Salle 49, 50)

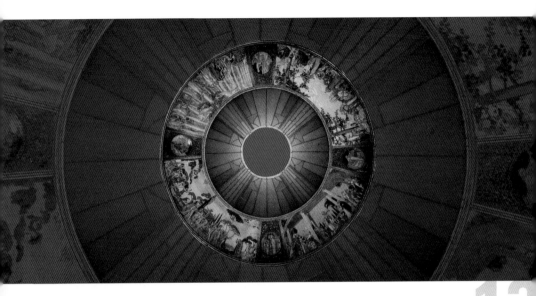

13

Maquette au dixième de la coupole du Théâtre des Champs-Elysées
샹젤리제 극장의 천장화 모형

화사하고 상징적인 화풍

1911년에 제작된 이 천장화 모형 역시 박물관으로 개조되기 전, 옛 오르세 호텔의 축제의 방과 마찬가지로 벨 에포크 시절의 화사하고 상징적인 화풍을 잘 반영하고 있다. 샹젤리제 극장은 1913년에 문을 연 오페라, 음악회, 연극 전문 공연장으로 현재 프랑스 국립관현악단L'Orchestre National de France 전용 홀이다. 건물 외부에는 부르델의 부조 조각이 장식되어 있고 모리스 드니의 천장화는 내부 홀을 장식하고 있다. 샹젤리제 극장은 이러한 내외부 장식과 프랑스 음악의 본거지로서의 명성으로 인해 현재 역사 기념물로 지정되어 있다.

모리스 드니는 19세기 말에 결성된 나비파Nabis의 일원인 화가다. 히브리어로 '예언자'를 뜻하는 '나비'를 유파의 이름으로 택한 것에서도 알 수 있듯이, 폴 고갱으로부터 영향을 받은 화가들이 당시 젊은 화가들이 심취해 있던 인상파와 거리를 두고 화면을 색면으로 분할하여 깊이를 제거한 채 병렬시키는 기법을 사용했는데, 그 결과 상당히 장식적인 효과를 내곤 했다. 나비파의 화가들 중 특히 모리스 드니는 종교적이고 신화적인 주제를 많이 다루었다. 샹젤리제 극장의 천장화가 그의 이러한 경향을 대표하는 작품 중 하나다. 작품을 이해하고 해석하는 어려운 작업 없이도 관람객들이 쉽고도 감동적으로 작품을 감상할 수 있도록 상징들을 사용했다. 가운데 원을 중심으로 춤, 오페라, 교향악, 연극 등 네 개의 주제를 다룬 네 개의 패널이 감싸고 있는데 이들 주제는 모두 황금시대의 전설을 연상시키는 신비하고도 어딘지 주술적인 분위기를 풍긴다.

〈벨 에포크〉
모리스 드니(1870-1943), 1911-1912, 지름 240cm
2층 70전시실 (Niveau Médian, Salle 70)

Boiserie de salle à manger
식당의 목재 인테리어

가구는 예술이다

프랑스 어로 새로운 예술 혹은 새로운 기법을 뜻하는 '아르누보^{Art Nouveau}'는 19세기 말에서 20세기 초, 건축, 공예, 장식 예술 등 이른바 응용 예술 분야에서 일어난 운동을 통칭한다. 프랑스에서는 특히 건축가이자 실내 디자이너이기도 한 엑토르 기마르를 중심으로 이 운동이 진행되었다. 그래서 흔히 아르누보와 기마르 양식이라는 말이 함께 쓰인다. 엑토르 기마르는 현재도 파리 지하철 입구나 공원의 벤치에서 볼 수 있는 아르누보 양식의 건축으로 유명하다.

아르누보는 주로 나뭇가지와 나뭇잎 등의 곡선을 디자인 개념으로 이용했는데, 알렉상드르 샤르팡티에가 1900년경 은행가 아드리엥 베나르의 식당으로 제작한 이 작품은 아르누보의 전형적인 예에 속한다. 벽, 식탁, 의자 등은 나무 가지의 유려한 곡선으로 이루어졌다. 이는 이전의 그 어느 양식과도 다른 개념이었다.

아르누보는 단지 프랑스 만의 현상이 아니었다. 부르주아층이 증가하고 이들이 개인 저택을 갖추게 되면서, 장식 예술에 대한 수요 또한 늘어나기 시작했다. 이것이 가장 먼저 시작된 곳은 영국으로, 19세기 후반 아트 앤 크래프트^{Arts and Crafts} 같은 운동이 일어나 대량 생산되는 가구나 장식품에 예술성을 가미하려는 시도가 있었다. 이런 운동은 1890년대 들어 건축과 공예 분야까지 확산되면서 전 유럽으로 퍼지게 된다. 이전까지는 뚜렷한 양식이 없이 고전주의, 낭만주의, 제국 양식, 사실주의 등이 복합된 이른바 절충주의의 시대였고, 건축이나 실내 장식은 대부분 신고전주의 양식을 띠었다.

아르누보는 이 같이 진부한 절충주의에서부터 벗어나 완전히 새로운 양식을 추구하고자 했던 것이다.

〈아르누보〉
알렉상드르 샤르팡티에(1856~1909), 1900~1901, 346x1055x621cm
2층 66전시실 (Niveau Médian, Salle 66)

Salle des Fêtes
축제의 방

15

벨 에포크의 추억

현재 오르세로 사용되고 있는 건물은 1900년에 만국박람회를 개최하기 위해 건설된 기차역과 호텔을 리모델링한 것이다. 축제의 방은 오르세 호텔에서 가장 화려하고 규모가 큰 리셉션장이었다. 1900년에서 1차대전이 일어나기까지 약 10여 년은 이른바 프랑스에서 '벨 에포크Belle Époque'로 불리는 호시절이었고 오르세 호텔의 축제의 방에서는 적어도 하루에 한번은 꼭 무도회나 리셉션이 열리곤 했다.

내부 실내 장식은 19세기 중엽의 절충주의 양식을 따라 오르세를 지은 건축가 빅토르 랄루가 직접 디자인했다. 이 양식은 당시 부르주아들이 선호했던 로코코 양식을 근간으로 했기 때문에 일명 네오 로코코라고도 부른다. 그만큼 세심한 정성을 쏟았던 것인데, 18세기 중엽에 유행했던 유려한 곡선 위주의 실내 장식이 한층 더 화려해진 모습으로 축제의 방을 장식하고 있다.

기둥, 천장, 벽에는 어느 곳이나 금박의 돌림 장식들이 들어가 있으며 아래를 굽어보는 꼬마 천사 조각들과 조개 문양들이 벽 상단에 올라가 있다. 천장은 피에르 프리텔의 신화화 〈봄처녀들에게 둘러싸인 아폴론〉으로 장식되어 있다. 이 방에는 현재 제3공화국 당시 살롱전에서 입선한 조각과 회화들이 전시되어 있고, 리모델링된 오르세에서 19세기 말의 분위기를 그대로 느낄 수 있는 유일한 장소다.

〈벨 에포크〉
2층 51전시실 (Niveau Médian, Salle 51)

파리의 벨 에포크
반짝이는 샹들리에, 섬세한 조각들과 화려한 금빛 장식.
오르세 축제의 방에 들어서면 19세기 파리의 화려했던 시절이 눈앞에서 고스란히 살아난다.

Theme

퐁네프의 향수업자가 다섯 번째로 가져온 향수 뚜껑을 여는 순간 코코는 소리를 질렀다. "됐어!" 이렇게 해서 탄생한 '샤넬 No.5' 그러나 21세기에 전 세계의 여인들이 만나는 샤넬 No.5 광고는 앵그르의 〈샘〉에서 가져온 이미지다. 광고도 예술이 된지 오래인 21세기, 두 이미지를 겹쳐놓고 보는 상상력이 필요하다.

마네의 〈풀밭 위의 식사〉는 '낙선전'이라는 미술사 초유의 전시회에 걸리는 수모를 당한 그림이다. 남자들 틈에서 혼자 옷을 벗고 있으니 그림 속의 여인은 길거리 여인이라는 것이 당시 사람들의 생각이었다.

오르세의 작품들은 이렇게 테마로 봐야 한다. 앵그르의 그림에서 향수 광고의 원형을 읽을 수 있고, 여자만 홀로 옷을 벗었다고 흥분한 당시 사람들의 반응에서 창녀가 많은 도시였던 파리의 역사를 읽을 수 있다. 오르세의 테마 들은 19세기 후반의 프랑스 사회사라고 할 수 있다. "임산부는 관람을 삼가 달라"는 조롱을 당한 인상주의 회화들, 주문 받은 지 거의 20년이 지나서야 완성된 〈지옥의 문〉으로 온갖 비난을 받았던 로댕도 한 시대 전체를 보여준다. 오르세에 있는 반 고흐의 걸작들은 대중과 비평가들을 떠나 오직 그림만 그리다 광인이 된 한 버림받은 천재의 그림들이다. 20세기 문을 여는 가장 확실한 방법으로 그가 택한 이 고독은 오르세의 테마 중 테마다. 모든 진정한 아름다움은 고독에서 나온다는 사실을 몸으로 보여준 화가이니 말이다.

THEME > 고대와 현대를 이어주는 박물관

THE BRIDGE BETWEEN PAST AND PRESENT

오르세는 1848년 이후의 인상주의 작품들을 많이 소장하고 있어서 흔히 인상주의 미술관으로 불린다. 이런 오르세에 인상주의와는 전혀 무관한 신고전주의 화가인 앵그르(1780-1867)의 그림들이 걸려있다는 사실은 얼른 이해가 가지 않는 일일 수도 있다.

그중 하나가 바로 〈샘〉인데, 이 작품은 수많은 화가와 시인들로부터 찬사를 받았던 작품이며, 고전주의의 종지부를 찍은 그림이라는 미학적 의미도 갖고 있다.

TAKE ONE

서구 회화의 영원한 주제, 샘

오르세의 진주 같은 작품으로 인정받고 있는 〈샘〉은 무려 36년 동안 화가가 정성을 들여 그린 그림이다. 이 작품은 전시되자마자 일반인은 물론이고 평론가와 시인, 소설가들로부터 찬사를 받아 수도 없이 복제되었다. 뿐만 아니라 점묘파의 창시자인 쇠라, 피카소 그리고 초현실주의자 마그리트 등에 의해 재해석되곤 했다. 또 광고 등에 자주 이용되는 작품이기도 하다. 1820년 이탈리아 피렌체에 머물 때 그려지기 시작한 〈샘〉은 전형적인 신화화인데 여체의 곡선이 보여주는 유려하고 부드러운 아라베스크 곡선은 찬탄을 자아내기에 충분하다.

인물은 조각처럼 매끈하게 다듬어져 있고 물에서 태어난 비너스와의 관련성을 암시하기 위해 발 밑에는 거품이 그려져 있다. 체모는 모두 제거되어 있고 여인은 수줍은 듯 거의 눈에 띠지 않게 입술을 약간 벌리고 있다. 작품 제목을 염두에 두면 여인이 왼쪽 어깨로 받치고 있는 항아리가 샘이겠지만, 누구도 그렇게 생각하지는 않을 것이다. 물이 쏟아지는 항아리가 아니라 항아리를 든 채 물을 쏟고 있는 젊은 여인 자체가 샘인 것이다. 또 앵그르의 〈샘〉에서 여가가 보여주는 우아하게 지그재그로 몸을 비틀고 있는 포즈는 거의 모든 비너스를 그린 그림에 등장하는 전형적인 콘트라포스토Contraposto 포즈다. 요즈음 말하는 S라인이 이것이다.

장 구종의 작 외 〈물동이〉, 1550, 석조, 파리 루브르 미술관에 붙은 외벽 조각물

이 작품이 앵그르의 독창적인 작품이라고 생각하는 사람들이 많지만, 옛날부터 존재해왔던 하나의 도상으로부터 파생된 작품이다. 또 이 작품과 똑같은 제목을 갖고 있는 작품들이 오르세에도 있고 20세기 현대미술관인 퐁피두 센터에도 있다. 이는 앵그르의 〈샘〉이 소장되어 있는 오르세가 루브르와 퐁피두를 이어주는 가교 역할을 하는 박물관이기 때문이기도 하지만, 서구 회화에서 〈샘〉이라는 주제가 아주 오래된 신화적 상상력에 뿌리는 두고 있기 때문이기도 하다.

TAKE TWO

샘의 기원

루브르에 있는 프랑스 르네상스 조각가 장 구종의 부조를 보면 19세기 중엽에 그려진 앵그르의 〈샘〉이 그 기원을 먼 옛날에 두고 있음을 알 수 있다. 두 여인이 항아리를 들고 있는데 한 여인은 앵그르의 작품과 똑같은 포즈를 취하고 있다. 물론 앵그르의 〈샘〉에서는 여인이 누드로 등장하는 반면, 장 구종의 조각에서는 대신 옷을 입은 여인이 등장하고 있다는 차이점이 있다. 장 구종만이 아니라 17세기 바로크 시대에 루벤스(1577~1640)가 그린 〈대지와 바다의 결합〉을 봐도 대지를 상징하는 여인 곁에는 거대한 항아리가 있고 항아리에서는 강을 상징하는 물이 흘러나오고 있다. 이미 장 구종의 조각이 많이 변형되어 있음을 알 수 있고, 여인도 옷을 벗은 채 누드로 등장하고 있다. 그러나 루벤스의 그림에서는 여인이 아직

〈대지와 바다의 결합〉 피터 폴 루벤스(1577~1640), 1618, 캔버스에 유채, 222.5×180.5cm
상트 페테르부르크 에르미타주 박물관
〈샘〉 귀스타브 쿠르베(1819-1877), 1868, 캔버스에 유채, 128×97cm
•1층 16전시실 [Rez-de-chaussée, Salle 16)

앵그르의 그림에서처럼 완전히 누드가 아니라 살짝 몸을 가리고 있다. 또 강의 여신 곁에는 탐스러운 과일과 꽃이 담겨있는 뿔고동이 보이는데, 이는 다산과 풍요를 상징한다.

쿠르베의 사실주의 〈샘〉

앵그르의 〈샘〉이 완성된 후 10여 년이 지난 1868년 사실주의 화가 쿠르베는 같은 제목의 작품을 발표했다. 제목이 같은 두 작품은 자연스럽게 대상이 되는데, 신고전주의와 사실주의의 차이를 확연하게 드러내 준다. 쿠르베의 〈샘〉에 등장하는 여인을 앵그르의 여인과 비교해 보면 비만하다고 말할 수 있을 정도로 몸매가 가꾸어져 있지 않다. 또 앵그르의 여인이 물이 쏟아지는 그리스의 옛 항아리인 앙포르를 들고 있는 대신 쿠르베의 여인은 숲이 우거진 계곡 물에 몸을 담그고 있다. 물론 가장 중요한 차이점은 앵그르의 여인이 앞을 보고 있는 여인인 반면 쿠르베의 여인은 등을 보이고 있다는 점이다.

이러한 몇 가지 차이점들을 통해 마치 고대 조각 같은 앵그르의 잘 다듬어진 여체와 그 반대편에 있는 쿠르베의 '동네 아줌마' 같은 여인은 19세기 중엽 미술사에 큰 변화가 일어나고 있음을 일러준다. 앵그르의 여인이 샘 그 자체였다면, 계곡 물에 몸을 담그고 있는 쿠르베의 여인도 샘이라고 할 수 있을까? 쿠르베의 누드를 보면 유난히 허리가 잘록하고 둔부가 비대하다는 사실을 알 수 있는데, 이는 19세기 중엽까지만 해도 여인들이 차고 다니던 코르셋 때문이다. 지금 쿠르베의 여인은 거추장스러운 코르셋을 벗어 던지고 자연에 가장 가까이 다가가 있는 상태다. 여인은 이제 샘이나 바다 등을 상징하는 신화적 캐릭터가 아니라 있는 그대로의 두툼한 살집과 그 살집에 남은 코르셋 자국을 드러내고 있다. 당시 사회에서 여인이 처해있던 사회적 조건을 고발하는 역할을 하고 있는 것이다. 쿠르베는 페미니스트였다.

TAKE THREE

쿠르베의 〈샘〉이 일으킨 혁명

똑같은 제목을 갖고 있는 앵그르와 쿠르베의 두 그림이 보여주는 차이는 서구 미술사에서 아주 중요한 일대 혁명이 일어나고 있음을 일러준다. 앵그르의 그림이 여인의 누드를 통해 샘을 우의적으로 묘사했다면, 쿠르베는 사실주의자답게 계곡의 흐르는 물 속에 들어가 멱을 감고 있는 여인을 직접 그렸다. 이 차이를 통해 쿠르베는 자유나 정의 같은 추상적 관념이나 하늘, 샘, 바다, 숲 같은 자연의 요소들을 여인의 누드에 빗대어 그리는 이른바 알레고리(우의)를 벗어나 눈에 보이는 그대로의 자연을 그리겠다는 선언을 하고 있는 것이다. 쿠르베는 고의로 여인 누드를 그림에 집어 넣었는데, 이는 뚱뚱한 여인을 통해 앵그르의 조각 같은 여인을 비판하는 의미를 지니고 있다. 실제로 쿠르베는 여인 누드가 등장하지 않는 〈샘〉을 여러 작품 그렸다. 그가 그린 이 수많은 풍경화 〈샘〉은 많은 미술사가들에 의해 오르세에 있는 파격적인 그림 〈세상의 기원〉을 그리기 위한 습작으로 간주되고 있다. 여인의 음부가 그대로 노출된 〈세상의 기원〉은 사실 쿠르베가 정말로 그려보고 싶은 〈샘〉이었던 것이다. 모든 천재들이 하나의 단일한 사조로 묶을 수 없는 깊이와 다양성을 지녔듯이, 쿠르베 역시 단순한 사실주의자로만 볼 수 없는 이유가 여기에 있다.

TAKE FOUR

퐁피두의 〈샘〉, 뒤샹의 레디메이드 작품

퐁피두 센터에 가면, 놀랍게도 또 한 점의 〈샘〉을 볼 수 있는데, 처음 보는 사람은 물론이고 이전에 사진을 통해 본 사람들이라도 '원본'을 보게 되면 실소를 금할 수가 없다. 〈샘〉이라고 제목이 붙어있지만 실제로는 마르셀 뒤샹(1887-1968)의 레디메이드 작품인 남자 소변기이기 때문이다. 프랑스어 원본 제목을 보면 〈퐁텐느Fontaine〉인데, 샘을 뜻하는 '수르스Source'와는 다르지만 거의 같은 뜻으로 볼 수 있다. 1917년에 열린 미국 전시회에 출품되었다가 거절을 당한 작품인데, 현대 예술에 가장 큰 영향을 끼친 작품으로 미술사에 기록되어 있다.
사실 현대 미술의 거의 모든 실험이 남자 소변기를 받침대에 올려 놓은 뒤샹의 이 〈샘〉에서 나왔다. 뒤샹은 이 작품을 통해 기존의 모든 미술에 핵폭탄급의 주먹을 날린 셈인데, 이러한 파격적인 실험을 통해 하나의 대상을 미술 작품으로 인정해 주는 패러다임 자체를 바꾸어버린 것이다. 남자 소변기는 결코 묘사할 만한 대상이 아니라, 오히려 쓰레기이다. 그러나 받침대 위에 올라가 전시실에 놓이면서 〈샘〉이라는 제목이 붙는 순간 미술 작품이 되는 것이다. 이후 미술 작품은 무엇을 그렸느냐(주제), 어떻게 그렸느냐(기법)에 의거해 판단되는 것이 아니라 어디에 놓이느냐, 어떤 맥락에 위치해 있느냐에 따라 미학적 판단을 받게 된다. 설치 미술이 본격적으로 시작된 것이다.

TAKE FIVE

광고에 활용되는 〈샘〉, 광고도 예술이 된 21세기

유명한 프랑스 화장품 제조사인 한 회사에서 향수 광고를 하며 앵그르의 〈샘〉을 이용한 적이 있다. 늘씬한 몸매의 모델이 등장해 향수병을 어깨 너머로 던지는 광고로, 앵그르의 〈샘〉을 그대로 활용하여 그림 속의 모델이 향수병을 들고 있는 이미지가 탄생했다. 모든 사람이 알고 있는 이미지이면서도 누드이기 때문에 이목을 집중시킬 수 있었던 광고가 소비자들에게 어필할 수 있었던 이유들 중에는 〈샘〉의 물과 화장품인 향수 사이의 물질적 동일성도 한 몫 했을 것이다. 또 무엇보다 누드를 통해 신화적 상상력을 자극할 수 있었던 것도 이 광고의 성공 전략에 포함될 것이다. 박물관에 자주 가고 그림과 조각을 많이 보아야 하는 이유도 문화와 이미지의 시대인 21세기가 순수 예술과 광고 등이 장르를 넘어서서 서로 섞이는 퓨전의 시대이기 때문일 것이다.

LUNCHEON ON THE GRASS, SCANDAL ON THE GRASS

오르세에 있는 에두아르 마네(1832-1883)의 〈풀밭 위의 식사〉는 평범한 제목에도 불구하고 미술사에서 가장 큰 사건을 일으킨 작품이다. 모든 사건이 그렇지만, 1863년 그림 한 점이 불러 일으킨 이 사건 속에는 시대를 반영하는 온갖 이야기들이 함축되어 있어 이 이야기들을 알고 그림을 보면 흥미롭기 그지없다.

〈풀밭 위의 식사〉, 에두아르 마네(1832-1883), 1863, 캔버스에 유채, 208×264.5cm

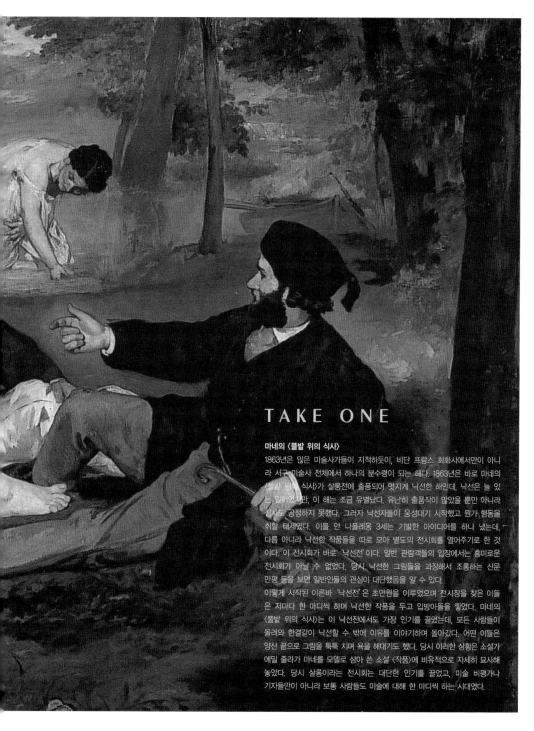

TAKE ONE

마네의 〈풀밭 위의 식사〉

1863년은 많은 미술사가들이 지적하듯이, 비단 프랑스 회화사에서만이 아니라 서구 미술사 전체에서 하나의 분수령이 되는 해다. 1863년은 바로 마네의 〈풀밭 위의 식사〉가 살롱전에 출품되어 멋지게 낙선한 해인데, 낙선은 늘 있는 일이었지만, 이 해는 조금 유별났다. 유난히 출품작이 많았을 뿐만 아니라 심사도 공정하지 못했다. 그러자 낙선자들이 웅성대기 시작했고 뭔가 행동을 취할 태세였다. 이를 안 나폴레옹 3세는 기발한 아이디어를 하나 냈는데, 다름 아니라 낙선한 작품들을 따로 모아 별도의 전시회를 열어주기로 한 것이다. 이 전시회가 바로 '낙선전' 이다. 일반 관람객들의 입장에서는 흥미로운 전시회가 아닐 수 없었다. 당시 낙선한 그림들을 과장해서 조롱하는 신문 만평 등을 보면 일반인들의 관심이 대단했음을 알 수 있다.

이렇게 시작된 이른바 '낙선전' 은 초만원을 이루었으며 전시장을 찾은 이들은 저마다 한 마디씩 하며 낙선한 작품을 두고 입방아들을 찧었다. 마네의 〈풀밭 위의 식사〉는 이 낙선전에서도 가장 인기를 끌었는데, 모든 사람들이 몰려와 한결같이 낙선할 수 밖에 이유를 이야기하며 돌아갔다. 어떤 이들은 양산 끝으로 그림을 툭툭 치며 욕을 해대기도 했다. 당시 이러한 상황은 소설가 에밀 졸라가 마네를 모델로 삼아 쓴 소설 〈작품〉에 비유적으로 자세히 묘사해 놓았다. 당시 살롱이라는 전시회는 대단한 인기를 끌었고, 미술 비평가나 기자들만이 아니라 보통 사람들도 미술에 대해 한 마디씩 하는 시대였다.

TAKE TWO

아무리 노골적인 누드라도 좋다, 사랑과 미의 여신 비너스라면……

마네의 작품이 보기 좋게 낙선을 한 1863년 살롱전에서 금메달을 차지한 당선작은 어떤 그림이었을까? 바로 현재 오르세에 마네의 작품과 함께 걸려있는 카바넬의 〈비너스의 탄생〉이 그해의 당선작이었다. 카바넬의 이 비너스 그림은 당선이 되었을 뿐만 아니라 테이프 커팅을 하고 그림을 둘러보던 나폴레옹 3세의 눈에 띄어 그 자리에서 정부가 구입을 하는 영광까지 누렸다. 이런 기회는 화가로서는 그야말로 영광 중의 영광이었다. 마네를 낙선시키고 카바넬의 〈비너스의 탄생〉을 구입한 나폴레옹 3세는 후일 미술사에서 두고두고 걸작을 몰라 본 악역으로 기록된다. 또한 카바넬의 신화화도 마네의 그림을 이야기할 때면 참고 자료로 인용되어 비교되는 조연 역할을 톡톡히 하고 있다.

카바넬의 그림과 함께 당시 전시회에서 사람들의 눈길을 사로잡은 다른 한 점의 그림은 현재 마드리드 프라도 박물관에 있는 보드리의 〈진주와 파도〉였다. 파도 위에 누워있는 비너스를 그린 카바넬의 그림과 마찬가지로 보드리의 그림 역시 해변의 바위 위에 누워있는 여인을 그린 그림인데, 제목은 다르지만, 카바넬 그림과 너무 유사한 그림이어서, 당시 심사위원들은 물론이고 일반인들이 좋아하던 작품 경향을 잘 일러준다.

마네의 〈풀밭 위의 식사〉는 사실 르네상스 화가 라파엘로의 그림을 판화로 제작한 것을 보고 힌트를 얻어서 그린 그림이었다. 당시 화가들의 아틀리에에는 이 판화가 널리 퍼져 있었다. 또 보기에 따라서는 전혀 이해를 할 수 없을 정도로 노골적인 그림도 아니었다. 하지만 문제가 불거진 원인은 카바넬의 〈비너스의 탄생〉은 완전한 여인 누드였지만 누구나 다 아는 비너스를 그린 신화화였던 데 반해, 마네의 그림은 카바넬의 것보다 훨씬 덜 노골적이었음에도 불구하고 신화 속의 캐릭터가 아닌 당시 주변에서 볼 수 있는 사람들을 그린 그림이었다는 데에 있었다. 요즘 시각으로 보면, 조금 심하게 말해 카바넬의 그림은 기초가 잘 다져진 화가가 그린 이발소 그림이었고, 술집 같은 곳에나 걸릴 그림이었다. 그런데 지금으로부터 150년 전, 오히려 마네의 그림이 비웃음과 조롱의 대상이 되었던 것이다. 당시 심사위원들이나 일반인들은 특히 마네의 그림에서 '여자는 옷을 벗고 있고 남자들은 옷을 입고 있는' 대목을 트집을 잡아 맹비난을 퍼부었다.

TAKE THREE

〈풀밭 위의 식사〉, 사실은 크게 비난받을 그림이 아니었다

〈풀밭 위의 식사〉는 라파엘로의 〈파리스의 심판〉에서 주요 인물들의 포즈를, 티치아노의 〈전원 협주곡〉에서 옷 벗은 여인과 옷 입은 남자의 테마를 그대로 가져온 작품이다. 따지고 보면, 〈풀밭 위의 식사〉는 모사화라는 비난을 받을지언정, 풍속 문란죄를 뒤집어 쓴 채 낙선전에 걸릴 정도는 아니었으며, 그림의 내용 자체도 티치아노의 그림보다 더 노골적이지 않았다. 마네의 그림은 라파엘로와 티치아노 등 이탈리아 르네상스 화가들의 작품을 보고 모방을 한 작품이었을 뿐인데, 그토록 비난을 받았던 이유는 무엇이었을까?

신화 속 캐릭터가 아니라 현실의 인물을 누드로 그렸다는 사실도 비평가들의 분노를 샀지만, 좀 더 구체적인 이유는 다른 데에 있었다. 스페인 화가 벨라스케스로부터 많은 영향을 받은 마네의 터치는 아카데믹한 화풍에 익숙해져 있던 당시 예술가나 비평가들의 눈에는 마치 그리다 만 그림처럼 비쳐졌다. 여인의 몸은 얼룩이 져 있고, 접힌 목살에서 등으로 이어지는 선은 부자연스러우며, 특히 옷을 벗은 왼쪽 여인은 풍경 위에 마치 가위로 오려 붙인 것처럼 돌출되어 보인다. 남자들이 입은 검은색 정장과 여인의 살색이 강한 대비를 이뤄 이 또한 당시 사람들에게는 거슬리는 부분이었다.

이런 미학적 이유를 뛰어 넘는 또 다른 문제는 심사위원을 비롯한 많은 이들의 눈에 그림 속의 두 여인이 거리의 창녀들로 보였다는 점이다. 입은 옷으로 보아 돈 꽤나 있는 점잖은 두 남자는 지금 창녀들을 데리고 숲 속으로 들어가 난잡한 행위를 하려는 사람들로 비쳐진 것이다. 물론 누구도 대놓고 이런 식의 비판을 하지는 않았지만, 마네의 그림은 당시 유럽에서 고급 창녀가 가장 많은 도시였던 파리의 분위기를 그대로 반영하는 것으로 여겨졌다. 신속한 붓 놀림과 검은색조차 유채색만큼 빛을 발하고 있는 채색에서 신선함을 느끼기보다 옷 벗은 여인과 옷 입은 남자들이 함께 있는 장면을 트집잡아 풍속 문란을 이야기하며 그림 앞에서 삿대질을 해댔다.

〈진주와 파도〉 폴 지크 에메 보드리(1828~1886), 1862, 캔버스에 유채, 175×83cm, 마드리드 프라도 박물관 소장
〈전원 합주곡〉 티치아노 베첼리오(1448~1576), 1509, 캔버스에 유채, 105×137cm, 파리 루브르 박물관 소장

〈파리스의 심판〉 산치오 라파엘로(1483 - 1520), 1517~1520, 판화, 29.1x43.7cm, 뉴욕 메트로폴리탄 박물관

〈풀밭 위의 식사〉 클로드 모네(1840~1926), 1865~1866, 캔버스에 유채, 248x217cm
・1층 18전시실 (Rez-de-chaussée, Salle 18)
〈전원〉 폴 세잔느(1839~1906), 1870, 캔버스에 유채, 65x81cm
・3층 36전시실 (Niveau Supérieur, Salle 36)

〈상일〉 제임스 티소(1836~1902), 1876, 캔버스에 유채, 61x81cm, 개인소장

TAKE FOUR

마네의 〈풀밭 위의 식사〉 이후의 서구 미술

〈풀밭 위의 식사〉의 원래 제목은 〈목욕Le Bain〉이었다. 작품의 제목이 바뀐 것은 낙선에 걸리며 수모를 당한지 4년이 지난 1867년경이다. 이 해에 후일 인상주의의 대가가 되는 젊은 클로드 모네가 〈풀밭 위의 식사〉라는 그림을 그렸고, 이를 본 마네는 모네가 앞으로 새로운 회화를 통해 큰 바람을 일으킬 수 있는 인물임을 알아보았다. 이와 함께 결국 자신이 모네보다 앞선 새로운 회화의 출발이었다는 자부심으로 모네가 사용한 제목을 다시 자신의 그림에 붙이게 된다.

모네의 그림은 퐁텐블로 인근의 숲 속에 나가 직접 그려진 그림이다. 나뭇잎들 사이로 비치는 햇빛과 그늘이 자아내는 빛의 효과가 여인의 흰색 치마와 바닥에 깔려있는 천에 생생하게 묘사되어 있다. 이 그림 이후 유럽 화단에서 세잔느, 티쏘 등 많은 화가들이 〈풀밭 위의 식사〉라는 동일한 주제를 다루게 된다.

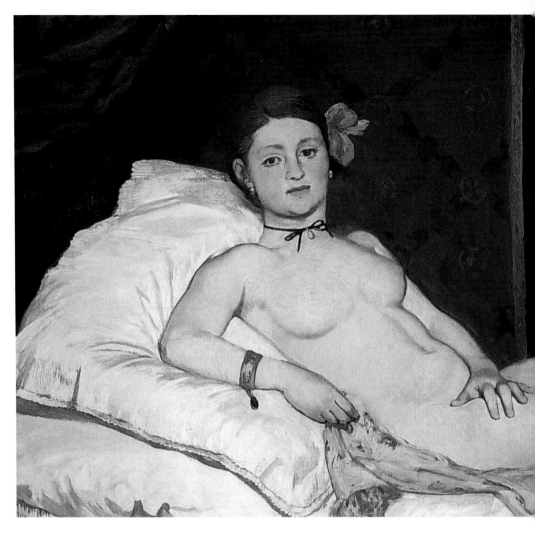

TAKE FIVE

〈올랭피아〉가 일으킨 센세이션

마네는 〈풀밭 위의 식사〉가 스캔들을 일으킨 1863년에 이어 1864년과 1865년에도 계속 작품을 낸다. 〈올랭피아〉는 1863년에 이미 완성되어 있었지만 2년 후인 1865년에 출품한 작품이다. 이 그림과 그림이 불러일으킨 센세이션을 제대로 이해하기 위해서는 프랑스 19세기 전체를 들여다 봐야 할 것이다. 특히 창녀라는 신분이 파리에서 상당한 위치를 차지하고 있었던 사회사적 배경은 이 그림을 두고 일어났던 센세이션을 이해하는데 많은 도움을 준다. 마네가 살았던 나폴레옹 3세의 제2제정기는 졸부들이 판을 치던 이른바 부르주아 시대의 절정기다. 날로 확장되던 철로는 도시화를 가속시켜갔다. 이는 무작정 상경한 농민의 노동자화 현상을 일으켰고 값싼 독주로 인한 알코올 중독과 매매춘은 심각한 사회현상이 되어가고 있었다. 부자들과 부르주아들은 별도의 장소에서 자신들만의 모임을 가졌고 당시의 소설들에서 확인할 수 있는 것처럼, 창녀는 아니라 해도 정부 형태로 여러 명의 여인들과 놀아났다. 제2제정 당시 12만이 넘는 창녀가 있었다고 한다. 당시 부르주아들이나 관료 혹은 부자들이 이 그림을 보며 분개했던 것은 미술에 대해 무지했던 탓도 있었지만 무엇보다 자신들이 몰래 만나던 창녀가 그림 속 주인공이 되어 정부 주최의 공식 전람회에 걸려 있었기 때문이다. 물론 마네는 창녀가 아니라 빅토린느라는 전문 모델인 여인을 모델로 해서 이 그림을 그렸다. 이 여인은 마네의 그림

〈올랭피아〉 에두아르 마네(1832~1883), 1863, 캔버스에 유채, 130.5×190cm
• 1층 14전시실 (Rez-de-chaussee, Salle 14)

에 자주 등장한다.

그림을 보면 〈올랭피아〉가 몸 파는 여인임은 여러 가지 상징을 통해 분명히 드러나 있다. 아무것도 걸치지 않은 벗은 몸에, 머리에 꽂고 있는 큰 꽃과 단골 손님이 주고 간 듯한 값비싼 꽃다발. 흑인 하녀 역시 '올랭피아'가 하녀를 둘 정도로 고급 창녀였음을 일러준다. 발 밑에 웅크리고 있는 검은 고양이는 누가 봐도 섹스를 상징한다. 등을 구부린 채 꼬리를 세우고 있는 자세는 더욱 그렇다. 칙칙한 살결, 흑백의 격렬한 대비, 벗은 몸의 나신을 더욱 두드러져 보이게 하는 검은 목걸이와 팔찌, 발끝에 간신히 걸려있는 슬리퍼를 걸친 여인은 조각같이 잘 다듬어진 누드를 원하던 당시 화단의 요구와는 완전히 반대편에 있는 그림이었다. 무엇보다 수치심 없이 한 손으로 음부를 지그시 누른 채 멍한 눈으로 정면을 보고 있는 여인의 큰 얼굴과 잔잔한 미소도 이 그림이 의도적으로 스캔들을 일으켜서 화단의 주목을 받으려고 한다는 비난을 불러일으켰다.

결국 분노한 관람객들로부터 그림을 보호하기 위해 두 명의 경관이 나란히 경비를 서야만 했고 나중에는 할 수 없이 철거해 뒷방 신세가 되었다. 이러한 상황은 당시 이 그림을 조롱하기 위해 그려진 수많은 풍자화를 보면 알 수 있다. 오직 졸라를 포함한 극소수의 사람들만이 그림의 새로운 형식을 칭찬했는데, 마네는 이에 감사의 뜻을 전하기 위해 졸라의 초상화를 그려 준다.

MUSEUM FOR BOTH MASTERPIECE AND TRASH

오르세는 한국인들이 가장 좋아하는 인상주의 회화들이 많은 곳이다. 특히 미술교과서나 캘린더 등에서 자주 보았던 모네, 르느와르, 드가를 비롯해 후기 인상주의의 반 고흐와 고갱 등의 그림들을 많이 소장하고 있어서 흔히 인상주의 미술관으로 불리기도 한다.

하지만 직접 박물관에 들어가면 19세기 후반 약 50년 동안 파리 화단을 지배했던 역사화와 신화화들이 더 많이 걸려있음을 알 수 있다. 이들 성화, 역사화, 신화화들은 19세기 후반, 모두 '살롱Salon'이라는 정부 주최의 미술전에 출품되어 당선된 작품들이다. 당시로서는 걸작 중의 걸작들이었던 셈인데, 이제는 미술사에 거의 흔적조차 남기지 않은 채 사라져 버린 그림들이다. 반면 이런 아카데미즘의 영향을 벗어나 제작된 인상주의 그림들은 당시에는 '그림도 아니다'라는 혹평을 받았고 화가들 역시 끼니를 걱정할 정도로 어려운 삶을 살아야 했지만, 지금은 이런 상황이 완전히 역전되었다. 오르세는 이렇게 이제는 누구도 기억하지 않는 작품들과 당시에는 평가를 받지 못했지만 지금은 현대의 문을 연 작품으로 평가 받고 있는 인상주의 그림들을 함께 전시하고 있는 곳이다. '걸작과 졸작이 한곳에 있는' 세계 최초의 박물관인 셈이다.

TAKE ONE

배운 대로 그리는 엘리트 화가들의 모임, 관학파

'누구도 기억하지 않는 작품들'을 졸작이라고까지 부를 수는 없지만, 한 가지 확실한 것은 이 작품들이 모두 에콜 데 보자르라는 국립미술학교 출신들의 작품으로 학교에서 배운 대로 그려진 고루한 그림들이라는 사실이다. 이런 그림을 그린 화가들은 에콜 데 보자르를 졸업하면서 국가 장학금을 받아 로마에서 몇 년간 유학을 한 후 귀국해 모두 모교의 교수를 지낸 이들이다. 이 그림들은 르네상스 이후 성립된 미학 규칙들을 엄격하게 준수하고 있었으며 화가들은 문화 권력을 손아귀에 쥔 채 살롱전 심사를 좌지우지했고 문화계의 요직을 독차지하고 있었다. 인상주의는 바로 이 미학 규칙과 문화 권력에 대한 일대 도전이었다.

이때 르네상스 이후 형성된 미학 규칙들이란 원근법, 명암법, 인체 해부학 같은 기본적인 기법은 물론이고, 성서나 신화, 역사 등에 한정된 주제와 우의적인 묘사를 통해 교훈적인 메시지를 전해야 한다는 등의 규칙들도 포함되어 있었다. 이런 규칙들은 자연히 산업혁명과 프랑스 대혁명 이후 급격하게 변한 사회와 잘 어울리지 않는 것이었다. 이에 가장 먼저 반기를 든 사람이 바로 쿠르베였고, 이어 마네를 비롯한 일군의 젊은 화가들이 뒤를 따랐다.

TAKE TWO

난잡한 장면, 그러나 절도 있는 구성

가장 먼저 꼽아야 할 '졸작'은 토마 쿠튀르라는 교수가 그린 〈데카당스의 로마인들〉이다. 가로 길이가 거의 8m에 달하는 이 대작은 오르세 1층에 걸려있는데 그것도 가장 좋은 자리를 차지하고 있다. 1986년에 문을 열 당시 이 '졸작'이 너무나 중요한 자리를 차지하고 있는 데 대해 오르세 박물관 큐레이터들이 반대를 했음은 물론이다. 하지만 문화사적 관점에 입각해 문을 연 오르세의 개념을 존중해서 내려진 결정이었다.

그림을 보면, 제목이 일러주듯이 약 30명에 이르는 많은 인물들이 때론 나체로, 때론 나체보다 더 에로틱한 복장으로 누워있다. 뿐만 아니라 잔을 들어 술을 권하기도 하고 이미 완전히 술에 취해 쓰러져 있는 인물도 보인다. 하지만 이 난잡한 장면에도 불구하고, 그림의 구도는 거의 정확하게 좌우대칭을 이루고 있으며, 묘사된 인물들도 그림 곳곳에 배치되어 있는 고대 조각상들 같이 잘 다듬어진 몸을 갖고 있다. 마치 감독의 지시를 받은 배우들이 무대에서 연극을 하고 있는 것만 같다. 주제 자체도 고대 로마에서 가져왔으며, 그림의 배경도 고대 로마의 궁전이다. 고대 조각 같은 인물 묘사, 고대 로마에서 가져온 주제와 정확한 구도 등은 모두 아카데미즘, 즉 관학파가 주장하는 미술 원칙들이었다. 이 작품은 살롱에 출품되어 당시 모든 사람들로부터 갈채를 받았던 작품이지만, 이제는 미술사에서 쿠튀르라는 화가의 이름을 찾아보기가 그리 쉽지 않다. 단지 마네의 스승이었으며 고전주의와 낭만주의가 뒤섞인 절충주의의 대표작 정도로만 언급이 될 뿐이다.

TAKE THREE

창녀라도 좋다, 신화화라면

쿠튀르의 작품 이외에도 아카데미즘을 대표하는 또 하나의 '졸작'을 꼽는다면, 카바넬의 〈비너스의 탄생〉을 들 수 있다. 이 그림은 마네의 〈풀밭 위의 식사〉가 낙선전에 걸릴 때 나폴레옹 3세 황제가 즉석에서 구입하는 영광을 누린 작품으로 자주 언급되곤 하는데, 오늘날의 관점에서 보면 거의 술집에나 걸릴 그림이다. 이 그림을 그린 카바넬 역시 에콜 데 보자르 교수였고 아카데미 프랑세즈라고 하는 프랑스 한림원 회원이기도 했다.

그림은 전형적인 신화화인데, 관음증적인 에로티시즘을 표현했음에도 불구하고, 조각같이 다듬어진 비너스, 하늘을 나는 아기 천사 푸토 등을 등장시켜서 위장을 하고 있다. 다시 말해 누드를 그릴 때에는 아무리 노골적인 그림이라도 신화화의 형식을 유지하면 용인되었던 것이다. 마네의 〈풀밭 위의 식사〉가 욕을 먹고, 그것도 모자라 낙선전에 걸린 것도 비너스를 그리지 않고 주변에서 흔히 볼 수 있는 여인을 등장시켰기 때문이다.

부그로라는 화가가 그린 같은 제목의 그림 역시 오르세가 자랑하는 '졸작' 중 하나다. 카바넬과 부그로가 그린 두 점의 〈비너스의 탄생〉을 나란히 놓고 보면, 놀라운 데생 실력과 균형이 잡힌 구도 그리고 무엇보다 한눈에도 쉽게 알 수 있는 그림의 주제 등이 당시 관객들에게 얼마나 큰 호소력을 갖고 있었는지 알 수 있다. 이 같은 그림 속에서 오래된 서구의 미학 전통이 계승되고 있음을 확인하고 안도의 숨을 쉬었으며, 그림 속에 묘사된 고혹적인 여자 누드와 남성의 에로틱한 모습조차도 신화화라는 이유로 모두 용인할 수 있었던 것이다.

하지만 당시 사실주의와 인상주의 회화를 시도하고 있던 젊은 화가들의 눈으로 보면, 수천 년 전의 로마인들이나 신화 속의 캐릭터인 비너스를 그린 그림들은 수백 년 동안 반복된 그림이었을 뿐만 아니라, 아무런 의미도, 전달하고자 하는 메시지도 없는 그림들이었다. 의미가 있다면 오랜 수업을 받은 결과 숙달된 묘사력 정도다. 모두 역사책이나 신화 속에 등장하는 이야기를 그림으로 바꾸어 놓았을 뿐, 그 이상 뭐란 말인가? 회화가 이렇게 책에 서술된 내용을 추종하면서 회화 고유의 특성을 잃어버린다면, 회화는 한낱 삽화에 지나지 않는 것 아닌가!

〈로마인들(로마인들)〉토마 쿠튀르(1815~1879), 1847, 캔버스에 유채, 472×772cm ·1층 중앙 통로 (Rez-de-chaussée, Nef)
〈비너스의 탄생〉알렉산드르 카바넬(1823~1889), 1863, 캔버스에 유채, 130×225cm ·1층 3전시실 (Rez-de-chaussée, Salle 3)
〈비너스의 탄생〉윌리엄 부그로(1825~1905), 1879, 캔버스에 유채, 300×215cm ·1층 계단 (Rez-de-chaussée, Pavillon Amont)

〈파도〉 귀스타브 쿠르베, 1869, 캔버스에 유채, 117×160.5cm
・1층 16전시실(Rez-de-chaussée, Salle16)
〈어둠 숲의 웅덩이〉 테오도르 루소(1812~1867), 1846~1849, 캔버스에 유채, 101×81cm
・1층 빈느관(Rez-de-chaussée, Galerie Seine)

TAKE FOUR

사실주의와 바르비종

19세기 중엽에 시작된 쿠르베와 바르비종Barbizon파의 사실주의의 영향을 받은 젊은 화가들이 이 같은 불만을 갖고 있었던 것이다. 사실주의를 한자로 쓰면 뜻이 보다 분명히 이해되는데, 사실주의의 사실은 事實이 아니라 寫實이다. 즉 눈에 보이는 그대로 그린다는 뜻을 갖고 있는 것이다. 대표자는 쿠르베인데, 쿠르베는 폭풍우 치는 바다를 그릴 때에도 직접 바닷가를 찾아서 폭풍우가 몰아칠 때까지 기다렸다가 그림을 그리곤 했다. "난 천사를 본 적이 없어서 천사를 그리지 못하겠소." 쿠르베가 한 말이다. 천사가 쿠르베의 눈에만 보이지 않았던 것은 아니지만, 이 말은 밖으로 나가 직접 눈으로 대상을 보지 않고, 아틀리에에 들어앉아 성서와 신화 속에 나오는 천사와 비너스만 그리고 있던 쿠튀르, 카바넬, 부그로 같은 당시 관학파 화가들을 빈정대는 소리였다.

루소, 코로, 밀레, 도비니 등 젊은 화가들은 파리 인근의 바르비종으로 내려가 주로 인근의 퐁텐느블로 숲과 농촌의 풍경을 그렸다. 밀레는 콜레라가 유행한 파리를 잠시 피해서 내려갔다가 여기에 정착했는데, 이들은 직접 야외로 나가 작업을 하기도 했지만, 무엇보다 눈에 보이는 그대로의 자연을 그리려고 노력을 했다. 자연히 고전 회화에서 경시해오던 풍경화가 주류를 이루었고 또한 누구도 그림의 모델로 생각하지 않던 가난한 농부들이 자주 그림에 등장하곤 했다. 물론 코로 같은 화가는 풍경화를 그리면서도 여전히 신화화나 성화를 그리기도 했고 밀레도 많지는 않지만 신화와 성서의 주제를 다루기도 했다.

이들의 그림은 이렇게 해서 성서와 신화를 떠나 주변에서 볼 수 있는 자연과 이웃 사람들의 모습을 그렸던 것이다. 이 그림들은 생생했고, 무엇보다 그리는 화가의 감각과 생각에 따라 자연을 새롭게 해석할 수 있었다. 이렇게 해서 인상주의 회화가 전개될 수 있는 조건들이 하나씩 형성되어가고 있었다. 이미 인상주의 화가들도 파리 근교의 바르비종을 찾아와 잠시 머물다 가곤 했다.

TAKE FIVE

기차와 사진의 발명

많은 화가들이 바르비종을 찾고 파리를 왕래할 수 있었던 것은 무엇보다 당시 철도가 개설되었기 때문에 가능했다. 파리를 떠나 기차를 타고 쉽게 근교와 지방을 찾을 수 있었던 인상주의 화가들은 여행을 통해 다양한 자연경관과 인공적인 건축물들인 성당, 공장, 다리 등이 어울려 있는 모습을

〈님프들의 춤〉 카미유 코로(1796-1875), 1860-1865, 캔버스에 유채, 49x77.5cm
・1층 센느 관 (Rez-de-chaussée, Galerie Seine)

〈이삭 줍기〉 장 프랑스와 밀레, 1857, 캔버스에 유채, 83.5x110cm
・1층 센느 관 (Rez-de-chaussée, Galerie Seine)

직접 대할 수 있었다. 이들에게 하늘로 치솟는 연기를 내뿜으며 달리는 기차는 마치 다가오는 미래를 일러주는 진보의 상징처럼 보였으며, 달리면서 보는 풍경은 이전의 아틀리에서 자를 대고 선을 그리고 그 위에 색을 입히던 회화와는 완전히 다른, 보다 즉흥적이고 감각적인 회화를 요구했다. 다리를 건너는 기차는 불과 일분도 안 되는 시간에 다리를 통과해 사라지고 만다. 그렇다면 이렇게 빨리 사라지는 기차를 어떻게 그릴 것인가? 바람에 흔들리는 물가의 나무는 어떻게 그릴 것인가? 몇 시간이고 움직이지 않는 모델이 아니라, 카페에 앉아 차를 마시는 평범한 파리 시민들의 일상적인 모습은 또 어떻게 그릴 것인가? 이런 고민을 하던 젊은 인상주의 화가들은 당시 발명되어 크게 인기를 끌고 있던 사진술로부터 많은 영향을 받았다. 아직 관학파의 공식적 그림들이 득세를 하고 있었지만 한쪽에서는 인상주의가 서서히 태동하고 있었다.

쉽게 말해서 '졸작'이지만, 그러나 쿠튀르, 카바넬, 부르고 등의 그림들이 문화사적으로 의미가 없는 그림들은 아니다. 요즈음 들어 새롭게 19세기를 연구하는 역사학자나 미학자들에게 좋은 연구 대상이 되고 있다. 졸작과 걸작을 함께 볼 수 있는 곳인 오르세는 인상주의를 보다 깊이 이해 하기 위해서는 더없이 적절한 곳이다.

PHOTO 부르주아들의 고급 사교장이었던 오페라 갈대

OPERA, THE PLAYGROUND FOR BOURGEOIS

오르세는 흔히 인상주의 미술관으로 불리지만, 19세기 후반의 파리 도시 계획과 건축, 인테리어 등도 볼 수 있는 19세기 건축 박물관이기도 하다. 특히 19세기 중엽 이후 파리 오페라를 중심으로 이루어진 도시 재개발은 역사적으로 많은 영향을 남긴 중요한 사건으로 단순한 도심 재개발이 아니라 유럽 전체에 큰 영향을 끼쳐 마드리드, 빈 등은 물론이고 이스탄불에 까지 그 영향을 남겼다. 오르세 1층 끝에 당시 개발 상황을 축소해서 오페라 건물 모형과 함께 전시되어 있다.

오페라 갸르니에Opéra Garnier, 즉 파리 오페라 하우스를 중심으로 19세기 중엽부터 재개발된 일대는 한마디로 부르주아들의 고급 사교장이었던 곳이다. 인근 방돔 광장의 고급 부티크와 호텔, 골목마다 자리잡고 있는 카페와 레스토랑, 화랑과 백화점들이 오페라 일대가 어떤 곳인지를 말해 준다. 샤넬의 유명 아틀리에가 이곳에 있었고, 20세기 최고의 프랑스 소설가인 프루스트, 미국 소설가 헤밍웨이 같은 문인들도 자주 드나들곤 했다. 또한 사륜 마차가 자유롭게 지나다닐 수 있도록 대로가 뚫리면서 이른바 유럽의 '그랑 불르바르Grand Boulevard 시대'의 문을 연 곳이기도 하다.

세계에서 가장 아름다운 건물이라는 찬사를 듣는 오페라 하우스는 뮤지컬로 제작된 소설 〈오페라의 유령〉의 배경이기도 하다. 주인공 자리를 놓고 벌어지는 배우들 간의 치열한 경쟁과 이를 둘러싼 후원자들의 불미스런 관계 등은 신문 사회면의 단골 기사거리였으며, 무희들을 자주 그렸던 화가 에드가 드가의 작품을 보면, 당시 화려한 무대 뒤에서 벌어지던 씁쓸한 이야기들을 짐작해볼 수 있다.

TAKE ONE

오페라 하우스와 오페라 가 일대의 도시 계획

1850년부터 1870년까지 지속된 나폴레옹 3세 치하의 제2제정 당시 파리는 화려함과 축제의 분위기가 지배했던 도시였다. 또한 이 시기는 당시 도시사였던 오스만 남작의 도시 계획에 의해 파리가 전혀 새로운 도시로 변모하던 시기이기도 하다. 개선문 주변, 고급 쇼핑가가 밀집해 있던 오페라 하우스와 오페라 가, 국립 도서관, 루브르 궁의 부속 건물, 현재 퐁피두 센터 인근의 중앙 시장인 레알 철골 구조의 레알 등이 모두 이때 세워진 것들이며 파리시 동쪽과 서쪽에 조성된 불로뉴와 뱅센느 숲 역시 같은 시기에 만들어 진다. 파리의 이러한 도시 계획은 지방의 주요 도시들로 확산되어 프랑스 전체의 모습을 크게 바꾸어 놓았을 뿐만 아니라 유럽의 여러 도시에 영향을 미쳤다.

오스만 남작의 이러한 대규모 도시 계획은 마차에서 나오는 오물과 많은 인명을 앗아가곤 했던 콜레라 등을 예방하기 위한 명분도 있었지만, 동시에 하루가 멀다 하고 일어나던 각종 시위를 예방하려는 의도도 갖고 있었다. 좁은 골목길은 미관이나 위생 등의 문제점 외에도 시위 군중들이 바리케이드를 쌓고 대항할 수 있는 진지 역할을 했던 것이다. 오스만 남작의 도시 계획 이후 옛 성터가 헐리고 불르바르Boulevard와 그보다 더 큰 아브뉴Avenue라는 대로가 생겨났다.

당시 시인, 작가, 예술가들은 이렇게 사라져가는 파리의 옛 골목길들을 아쉬워했지만, 이미 부르주아의 시대로 들어서 있었다. 골목길이 사라진 곳에는 프랑스 어로 '파사주Passage'라 부르는 아케이드가 들어섰고, 수많은 카페와 레스토랑, 쇼룸, 백화점들이 대로를 따라 자리잡기 시작했다. 이는 새로운 소비형태로 이어졌고, 자본가들의 땅 투기와 대형 유통 체인 확보가 극에 달했다. 인상주의 화가들은 이러한 소비문화에 물든 대중들이 파리의 거리를 활보할 때 그 모습에서 진보를 읽었으며, 이를 화폭에 담았다. 반면 밀레 같은 화가들은 이러한 도시화에 염증을 느끼고 시골로 내려가기도 했다.

TAKE TWO

카지노를 지은 건축가의 야망, 오페라 드 파리

오스만 남작 당시 파리의 도시 계획을 상징하는 거리가 오페라 가 일대이며 그 중심이 오페라 드 파리다. 36세의 젊은 나이였던 샤를르 가르니에가 새로운 오페라 하우스의 설계를 맡아 당시 부르주아들의 취향에 맞게 역대 건축 양식들 가운데 가장 화려하고 장식적인 요소들을 골라 절충적인 양식으로 건축한다. 새로운 오페라 하우스가 건축되면서 이 일대에 갈리 라파예트, 프렝탕 등 대형 백화점이 들어섰고, 호텔은 물론이고 사륜 마차들이 통행할 수 있는 대로들이 뚫리게 된다.

오르세에는 오스만 남작이 가장 심혈을 기울인 이 일대의 도시 계획이 100분의 1 축적으로 축소되어 전시되어 있다. 모형으로 제작된 당시 시가지 모습은 유리로 덮인 바닥에 전시되어 관람객들 발 밑으로 내려다볼 수 있도록 되어있다. 그 뒤에는 파리 오페라 하우스의 내부가 역시 모형으로

PHOTO_오스만 남작 당시 파리 시가지의 모형(좌) 및 오페라 하우스 모형(우)

제작되어 전시 중이다. 1862년 시작된 오페라 하우스 건축은 1870년 전쟁으로 인해 1875년에야 완공된다.
부르주아들의 취향에 맞는 호화로운 건축이었던 파리 오페라 하우스는 히틀러가 가장 좋아했던 건물이기도 했다. 파리에 입성한 히틀러는 에펠탑을
둘러본 후 바로 오페라로 차를 몰았고, 건물 내부를 돌며 부하들에게 직접 이곳 저곳을 설명하는 가이드 노릇까지 했다고 한다.

TAKE THREE

화려한 무대 뒤에 숨어있는 슬픈 이야기, 드가의 발레 그림

당시 오페라 일대의 재개발은 많은 이야기를 남겼는데, 그중 몇 가지 이야기는 드가의 회화 속에 잘 드러나있다. 최종 공연을 앞두고 이십 여명의
발레리나들이 무대 위에서 연습에 열중이다. 고동색 톤을 배경으로 인공 조명의 제한된 빛이 인물들을 비추면서 발레리나들의 미세한 동작이 모두
노출되고 있다. 왼쪽 발코니 높은 곳에 자리를 잡은 화가는 무대를 내려다 보는 위치에 있다. 이렇게 위에서 아래를 굽어 보는 관점과 중앙 무대를
비워두는 구성 등은 일본 판화의 영향을 엿볼 수 있는 부분이다. 인상주의 많은 화가들이 일본 판화 우키요에의 영향을 강하게 받았는데, 드가도
그중 한 사람이었다. 어떤 인물도 동일한 움직임을 보이고 있지 않다. 하품하는 사람, 등을 긁는 사람, 토슈즈의 끈을 묶는 사람 등 다양한 동작을
묘사한 장면을 통해 드가는 화면에 놀라운 생동감을 이끌어내고 있다. 드가는 발레 그림을 헤아릴 수도 없이 많이 그렸지만, 그것은 언제나 춤추는
댄서들이기 보다는 대기하며 노닥거리거나 연습 중인 댄서들이었다. 여인들의 진정한 매력이 예기치 못한 작은 동작에서 나온다고 본 것이다. 그림
오른쪽 무대 위를 보면, 한 신사가 연습 장면을 바라보고 있다. 무대 감독 같지만 사실은 발레리나들의 연습 장면을 볼 수 있도록 허락 받은 돈 많
은 후원자이다.

당시 발레리나는 모든 꿈 많은 젊은 여인들이 상류사회로 진출하기 위한 통로였다. 자연히 실력만 갖고 있다고 해서 발레리나가 되는 것이 아니었
고 더욱이 주인공이 되기 위해서는 뒤를 봐주는 든든한 후원자를 두고 있어야만 했다. 또 당시 발레 공연장인 오페라는 재정난을 타개하기 위해
많은 후원자들을 두고 있어야만 했는데, 이들은 선불로 한 시즌을 미리 예약하기도 하고 때론 거액의 후원금을 내기도 했다. 이들 중 적지 않은 사
람들은 발레리나를 첩으로 두고 데리고 살기도 했다. 오페라 측에서는 선금을 내거나 거액을 후원한 이들에게 본 공연에 앞서 리허설 장면을 미리
볼 수 있게 해주는 특혜를 베풀곤 했다. 무대 위에 올라와 발레리나의 뒤에 앉아 각선미를 감상하고 있는 신사가 지금 바로 그 특혜를 누리고 있는
것이다. 발레리나들 역시 성공하기 위해서는 후원자들의 눈에 잘 보여야만 했다. 그래야만 춤 실력이 모자라도 주연으로 뽑힐 수 있고, 화류계 진
출도 가능했기 때문이다. 오페라는 예술의 무대이면서 동시에 검은 거래가 이루어지는 곳이기도 했다. 드가의 이 작품은 단순한 발레 리허설 장면
을 그린 것이 아니라 이러한 씁쓸한 뒷얘기까지 담고 있는 그림인 것이다. 미완성으로 끝난 그림에 모습을 나타낸 늙은 영감이 지워졌지만 배를
내밀고 등을 젖힌 채 앉아있는 또 다른 후원자는 지금 그들 앞에서 온갖 교태를 부려가며 연습을 하고 있는 젊은 여인들을 눈여겨보고 있다.

THEME > "임산부는 관람을 삼가 주세요"
NO ENTRY FOR PREGNANT WOMAN

1874년 파리 오페라 하우스 인근에서 인상주의전이 열렸다. 인상주의라는 말은 이 전시회에 온 한 신문기자가 전시회에 출품된 모네의 〈떠오르는 태양, 인상〉이라는 그림을 보고 쓴 신랄한 비평문이 발표된 이후 사람들의 입에 오르내리면서 유행을 하기 시작했다.

찌그러진 진주를 뜻하는 말에서 온 바로크, 로마 인들이 고트 족을 야만인으로 취급하면서 생긴 고딕, 또 사자나 호랑이 같은 야수를 지칭하는 말이 미술 사조가 된 야수파 등도 점잖은 표현인 것 같지만 실제로는 가장 어려운 상황에서 나온 말이다.

인상주의 화가들은 비난에도 불구하고 계속해서 전시회를 열었다. 전시회가 열릴 때마다 신문들은 기존의 그림들과 달라도 너무나 다른 인상주의 그림들을 비판하기 위해 만평까지 곁들여가며 온갖 비난과 험구를 늘어놓았다. 화가이기도 했던 카이유보트 같은 사람은 자신이 소장하고 있던 인상주의 회화들을 정부에 기증하겠다고 했으나 정부는 이 제안을 거절하는 상상하기 어려운 실수를 저지르기도 했다. 이렇게 해서 인상주의 걸작들은 대부분 미국 화상이나 개인 수집가들에게 팔려나갔다. 조롱의 대상이었던 그림들은 경매가를 통해 추산해 보면 대략 점당 500억 원에서 1천억 원 정도씩 하는 작품들이다. 현대 미술을 연구하는 프랑스인들은 가슴을 치며, 당시 인상주의 회화들을 거절한 관료들을 두고두고 미워하고 있다.

〈떠오르는 태양, 인상〉 클로드 모네(1840~1926), 1873, 캔버스에 유채, 48×63cm, 파리 마르모탕 모네 미술관 소장

TAKE ONE

"임산부는 관람을 삼가 주세요"

한 만평을 보면 잠옷 차림의 부수한 머리를 한 화가가 그림을 그리고 있다. 한 손에는 팔레트가 들려있지만, 다른 한 손에는 붓 대신 청소할 때나 쓰는 커다란 비가 들려있다. 그림의 의미는 따로 설명할 필요가 없을 정도로 분명하다. 인상주의 회화는 그림이 아니라는 것이다. 다른 만평을 보면 군인들이 전쟁에서 총 대신 인상주의 그림들을 들고나가 적군을 물리치고 있다.

이런 만평 중에서 가장 걸작은 경찰관이 등장해서 인상주의 전시회에 들어가려는 한 임산부를 제지하는 그림이다. 만삭의 몸을 한 여인이 입장을 하려고 하자, 경찰관이 두 손을 들어 큰일난다는 듯이 여인을 막아서고 있다. "태아에게 해로워요. 어서 집으로 가세요……." 아마도 경찰관은 이 정도 이야기를 하고 있지 않을까? 경찰관 뒤의 전시장 입구에는 '인상주의 화가들의 전시회'라고 쓴 큼직한 간판이 보인다. 가장 노골적이면서도 가장 시니컬한 이 만평은 당시 인상주의 회화들이 어떤 대접을 받았는지 극명하게 보여준다.

TAKE TWO

인상주의의 탄생 배경

인상주의자들은 이런 냉대와 몰이해를 무릅쓰고 그림을 그렸다. 그 그림들이 소장되어 있는 곳이 바로 오르세이다. 인상주의 화가들 중 제대로 에콜 데 보자르라는 미술학교를 졸업한 사람은 아무도 없다. 당시 화단을 지배하던 아카데미즘을 충실하게 따른 화가들은 모두 살롱이라는 이름의 정부가 개최하는 관전에서 상을 받고 주문도 많이 받았다. 이런 아카데미즘에 대한 최초의 반란이 바로 에두아르 마네가 그린 〈풀밭 위의 식사〉였다. 이 작품은 살롱에서 낙선을 한 것은 물론이고 떨어진 작품만 따로 모아 전시회를 한 이른바 낙선전에서도 가장 많은 욕을 먹은 그림이었다.

인상주의는 단순한 회화사의 변혁이 아니라 당시 사회 전반에 걸쳐 일어나던 문화사적 규모의 변화를 상징적으로 요약해서 보여주는 사건이었다. 기차가 도입되어 전국을 연결하고 있었고, 사진이 발명되어 시지각에 대한 새로운 인식을 가능케 했다. 또한 부르주아 계층이 서서히 사회의 중심층으로 자리를 잡아가면서 새로운 소비 문화가 확산되고 있었다. 실제로 인상주의 화가들은 기차를 타고 야외로 나가 그림을 그렸으며 철교가 놓인 강가를 화폭에 담았다. 파리에 들어서기 시작한 키페와 바 역시 인상주의 화가들의 아지트이자 즐겨 묘사하는 곳이었다. 부르주아들의 댄스파티, 피크닉, 뱃놀이도 중요한 묘사 대상이었다. 에드가 드가 같은 이들은 사진의 순간 포착과 대상을 담는 특이한 각도에 매료되어 이를 회화에 적용하기도 했다.

이 당시 일어난 변화들 중 하나는 만국박람회를 통해 동양, 특히 일본의 판화를 비롯한 다양한 동양 예술이 유입된 것인데, 인상주의 화가들은 대부분 이 우키요에라고 하는 일본 판화에 매료되어 이를 모방하곤 했다. 반 고흐가 가장 열광적인 팬이었고 모네도 직접 가게에 가서 수십 점씩 구입해다 아틀리에에 걸어놓곤 했다. 모네나 반 고흐의 그림에는 일본 판화를 그대로 모사한 작품들이 꽤 있다.

(아르장퇴이유의 보트 경주) 클로드 모네(1840~1926), 1872, 캔버스에 유채, 48×75cm
• 3층 32전시실 (Niveau Supérieur, Salle 32)

(양귀비꽃) 클로드 모네(1840~1926), 1873, 캔버스에 유채, 50×65cm
• 1층 쎈느관 (Rez-de-chaussée, Galerie Seine)

〈제베르니 화가의 정원〉 클로드 모네(1840~1926), 1900, 〈캔버스에 유채〉 81x92cm • 3층 34전시실 (Niveau Supérieur, Salle 34)
〈마루를 대패질하는 사람들〉 귀스타브 카이유보트(1848~1894), 1875, 〈캔버스에 유채, 102x146.5cm • 3층 30전시실 (Niveau Supérieur, Salle 30)

TAKE THREE

고전주의와의 결별, 인상주의

그렇다면 왜 당시 비평가들과 아카데미즘에 충실한 화가들은 인상주의 그림을 '임산부에게 위험한 그림'이라고 했을까? 고전 회화의 규칙 때문이었는데, 원근법과 명암법 그리고 주제 선정 등에서 인상주의 작품들은 완고한 고전주의자들이 보기에는 그림처럼 보이질 않았던 것이다. 커다란 비로 그린 것 같다는 만평이 그리 과장된 것이 아니라는 인상을 주는 그림들도 더러 있었다. 특히 인상주의라는 말을 낳은, 파리 마르모탕 미술관에 있는 모네의 〈떠오르는 태양, 인상〉은 지금 보아도 대담하기 짝이 없는 그림이며 그러다가 만 것 같은 인상을 준다.

고전주의자들은 성서, 신화, 역사와 같은 텍스트를 떠나고 싶어했던 새로운 세대의 열망을 이해하지 못했다. 왜 인상주의자들은 이 텍스트들을 떠나려고 했을까? 수백 년 동안 반복되어 온 성서와 그리스 로마 신화의 내용들은 더 이상 진실이 아니었기 때문이다. 실제로 이들 텍스트들은 권력과 상징 조작의 도구일 뿐이었다. 성당은 이미 텅 비기 시작했고, 신화는 우스갯소리에 지나지 않았다. 자연과학이 발달함으로써 세계 인식에도 큰 변화가 일어나기 시작했다. 새로운 신학, 새로운 신화학과 역사학이 필요했으나 이 새로운 것들은 아직 본격적으로 태동을 할 수가 없었다. 이런 상황에서 가장 먼저 나선 이들이 인상주의자들이었던 것이다.

TAKE FOUR

인상주의로부터 시작된 현대 회화

인상주의자들이 모두 동일한 생각을 갖고 있었던 것은 아니다. 세잔느, 르느와르, 드가 등은 일찍 인상주의를 떠나 자신들의 길을 찾았다. 가장 끝까지 인상주의의 길을 걸은 사람이 모네, 시슬레, 피사로였다. 반 고흐도 잠시 인상주의에 발을 담그면서 누에넨 시절의 검은색을 버리고 밝은 색을 발견했지만 이내 태양을 찾아 남프랑스로 가버렸다. 인상주의 시대는 멀리 보면 회화사에서 최초로 추상화의 가능성을 타진한 사조이기도 하다. 모네가 나이 들어 그린 만년의 그림들을 보면, 비록 그가 녹내장에 걸려 그린 그림이라는 것을 감안하고 보더라도 형태가 사라지며 색들의 리듬만으로 무언가를 전달하는 회화의 다른 호소력이 꿈틀거리고 있음을 느낄 수 있다. 칸딘스키가 모네의 그림을 보면서 추상화의 가능성을 발견하게 된 것은 우연이 아니었다.

〈무용 교습〉 에드가 드가(1834~1917), 1873~1876, 캔버스에 유채, 85×75cm
· 3층 31전시실(Niveau Supérieur, Salle 31)

〈새끼를 사이에 있는 두 젊은 그리스 양 레옹 제롬(1824~1904), 1846, 캔버스에 유채, 143×204cm
· 1층 〈전시실(Rez-de-chaussée, Salle 1)

TAKE FIVE

인상주의 최고의 후원자, 카이유보트

귀스타브 카이유보트는 미술사에서 흔히는 인상주의 화가로보다는 인상주의 화가들의 작품을 수집하고 어려움에 처했던 화가들을 도와준 후원자로 더 자주 언급되는 사람이다. 카이유보트는 물려받은 유산 덕택에 상당히 풍족한 생활을 하며 자신도 1876년에 두 번째로 열린 인상주의전에 참가했다. 〈마루를 대패질하는 사람들〉은 바로 이때 출품된 작품이다. 세 사람의 인부가 마루에 대패질을 하고 있다. 평범하다 못해 노동자들이 일하는 지저분한 모습을 제법 큰 크기로 그린 이 그림을 당시 심사위원들은 이해하지 못했다. 이 작품은 일상을 주제로 많은 그림을 그렸던 인상주의 그림 중에서도 아주 독특한 위치를 차지하고 있다. 이 그림을 노동자의 투쟁을 그린 것으로 보는 것은 확대 해석하는 것이지만, 한 가지 분명한 것은 인상주의 운동에 결여되어 있던 노동의 육체적 특성이나 노동자들에 대한 관심을 환기시키는 역할을 했다는 점이다.

1876년 카이유보트는 미리 자신의 유언장을 준비하면서 다음과 같은 시사적인 말을 남긴다. "내가 소유한 그림을 국가에 바친다. 난 이 그림들이 창고나 지방의 미술관 같은 곳에 들어가는 것이 아니라 루브르에 들어가길 바란다. 그러나 사람들이 인상주의를 제대로 받아들이기 위해서는 많은 세월이 흘러야 할 것이다." 이 유언이 쓰여진 지 18년이 흐른 1894년 2월, 카이유보트는 숨을 거두고 그가 소장하고 있던 인상주의 그림들은 유언대로 국가에 기증된다. 하지만 당시에도 여전히 인상주의는 그가 유언장에서 예견한 대로 인정을 못 받고 있었다. 그의 소장품에는 세잔느, 드가, 모네, 마네, 피사로, 시슬레, 르느와르 등 지금 같으면 작품 당 5,000만 달러에서 1억 달러는 족히 나갈 명품들만 모여 있었다. 1894년 숨을 거둘 때 카이유보트는 67점의 인상파 그림을 소장하고 있었고 이를 모두 국가에 유증하고자 했다. 하지만 프랑스 정부는 작품을 다 받아들일 의사가 없었고 40점만이 가까스로 수용되었다.

〈불쌍한 디 라 귀베투의 무도회〉 오귀스트 르느와르(1841~1919), 1876, 캔버스에 유채, 131x175cm
·3층 32전시실 (Niveau Supérieur, Salle 32)
〈생 라자르 역〉클로드 모네(1840~1926), 1877, 캔버스에 유채, 77.5x104cm
·3층 32전시실 (Niveau Supérieur, Salle 32)

TAKE SIX

프랑스의 실수

인상주의 그림들에 대해 가장 격렬한 적의를 드러내고 반대를 한 사람은 당시 가장 잘 나가는 화가이자 국립미술학교인 에콜 데 보자르 교수로 화단을 지배하고 있던 장 레옹 제롬이었다. 카이유보트의 기증 소식을 전해 들은 제롬은 "국가가 이런 쓰레기 같은 작품들을 받아들인다면 그것은 엄청난 도덕적 쇠퇴를 인정하는 것"이라고 열변을 토했다. 그가 그린 〈닭싸움을 시키고 있는 두 젊은 그리스인〉은 그의 주장에 따르면 도덕적 쇠퇴와는 무관한 작품이라는 것이다. 당시에는 닭싸움을 시키는데 옷은 왜 벗고 있는지 물어보는 사람이 아무도 없었다. 그리스나 로마 시대를 묘사하면 그만이었다. 이 늙은 노 교수의 주장이 그대로 먹혀 들어 갔더라면 아마도 현재 프랑스가 자랑하는 오르세는 처음부터 문을 열 엄두도 내지 못했을 것이다. 르느와르의 〈물랭 드 라 갈레트의 무도회〉, 모네의 〈생 라자르 역〉, 피사로의 〈붉은 지붕들〉, 세잔느의 〈에스타크〉, 그리고 카이유보트의 〈마루를 대패질 하는 사람들〉 등이 사라졌을 것이고, 지금의 오르세는 아마 형편없이 초라한 삼류 박물관이 되어 있었을 것이다.

입체파의 효시로 20세기 현대 미술의 진정한 출발점으로 간주되는 피카소의 〈아비뇽의 처녀들〉도 그림을 기증하겠다는 소장자의 뜻을 저버린 한 관료 덕분에 고작 2만 8천 달러에 미국으로 넘어가고 말았다. 프랑스로서는 가슴을 치고 통탄할 일이 아닐 수 없다. 2차대전 후 수세기 동안 누려왔던 예술의 메카로서의 명성을 빠른 속도로 미국에 내어 주게 된 데에는 무지한 것만이 아니라 지나치게 신념에 찬 프랑스 관료와 미술학교 교수들이 큰 몫을 한 셈이다.

THEME > 밀레와 반 고흐, 두 순수한 영혼의 만남

MILLET AND VAN GOGH, TWO INNOCENT SPIRITS

〈만종〉을 그린 장 프랑스와 밀레(1814-1875)와 빈센트 반 고흐(1853-1890)는 너무나도 유명한 화가들이다. 또 반 고흐가 평생 밀레를 존경하며 그의 그림을 판화로 제작한 화첩을 늘 가까이 두고 수많은 모사 작품을 그렸다는 사실도 잘 알려져 있다. 반 고흐는 밀레의 그림을 단순히 모사만 한 것이 아니라 밀레의 작품을 지배하는 깊은 영혼의 숨결까지 받아들이며 새로운 미술을 창조해 내는데 밑거름을 삼았다. 반 고흐의 밀레에 대한 존경은 남다른 것이었다.

동생 테오에게 보낸 편지에서도 "밀레는 단순한 화가가 아니라 가장 위대한 화가다"라고 몇 번씩 이야기했을 정도다.

오르세를 비롯해 암스테르담 반 고흐 박물관 등에는 순수했던 두 영혼의 만남을 일러주는 귀중한 그림들이 소장되어 있다.

〈낮잠〉 장 프랑스와 밀레(1814-1875), 1866, 파스텔과 흑색 연필, 42×29cm, 보스턴 미술관 소장

TAKE ONE

휴식 혹은 긴장, 파스텔에서 유화로

가장 먼저 보아야 할 작품이 파리 오르세에 있는 반 고흐의 그림 〈낮잠〉이다. 이 그림은 1866년 작인 밀레의 파스텔화 〈낮잠〉(미국 보스턴 미술관 소장)을 반 고흐가 자신의 취향대로 재해석해 유화로 다시 그린 그림이다. 밀레는 남프랑스에 머물며 극심한 정신적 위기를 겪으면서 밀레의 판화들을 보고 많은 모사화를 그렸다. 외출이 금지된 상황에서 밀레의 그림을 다시 그리는 것은 그에게는 거의 유일한 위안이었던 것이다.

처음 그림에 입문할 때부터 밀레는 반 고흐에게 스승이었다. 반 고흐는 밀레의 그림을 판화로 제작한 화첩을 구입해 데생 연습을 했다. 농부들의 모습과 전원 풍경은 물론이고 밀레라는 인간 자체에게도 매료되어 갔다. 1884년 동생 테오에게 보낸 한 편지에서 반 고흐는 이렇게 썼다.

"내가 보기에는 근대적인 화가는 마네가 아니라 밀레다. 많은 화가들의 앞에 넓은 지평이 열린 것은 밀레 덕분이다" 이 말은 그리 정확한 지적은 아니었지만 반 고흐의 밀레에 대한 애정을 짐작하게 한다.

그림을 보면 반 고흐의 그림에서 인물들은 밀레의 그림에서 느낄 수 있는 푸근한 휴식의 느낌을 주지 않는다. 얼른 보면 두 그림 사이에서 인물과 노적가리의 위치만 바뀌었을 뿐인 것 같지만 사실 반 고흐의 그림은 밀레의 것과는 전혀 다른 그림이 되어 있다. 밀레의 그림에서 인물들은 피곤에 지쳐 낮잠을 자며 쉬고 있지만 반 고흐의 그림에서 인물들은 쉬고 있는 것이 아니라 생각에 잠겨있는 것만 같다. 특히 남자의 표정이 그렇다. 이런 느낌은 청색과 황색의 강렬한 보색 대비 때문에 생겨난다. 그 결과 수확이 끝난 전원은 풍요와 휴식의 공간이 아니라 무언가 범상치 않은 일이 일어날 것 같은 긴장감을 불러 일으킨다. 인물은 대지에 누워있으면서도 대지와 하나가 되지 못한 채 돌출되어 있고 화면을 가득 채우고 있는 거친 터치들은 날카롭고 투박하다.

평온 vs 긴장

반면 원작인 밀레의 파스텔화는 얼마나 평온한가. 입을 벌리고 잠들어 있는 남자의 육체는 피곤함을 통해 대지와 하나가 되어 있다. 몸을 받치고 있는 짚단도 푹신하게 느껴지며 나막신을 벗어버린 두 발도 거의 대지와 같은 색을 하고 있다. 무릎이 튀어나온 바지가 일러주듯이 힘든 노동을 마친 남자는 지금 가장 대지와 가까운 상태에 가 있는 것이다.

하지만 반 고흐의 그림은 다르다. 밀레가 파스텔의 부드러운 터치로 표현한 온화한 분위기에 반 고흐는 강한 윤곽선과 보색 관계에 있는 강렬한 색들을 부여함으로써 평온한 시골 풍경을 하나의 드라마로 바꾸어 놓고 있다. 이는 아를르 인근의 생 레미 정신병원에 입원해 있던 반 고흐의 정신적 상태를 일러준다. 오르세에 있는 〈낮잠〉은 후일 피카소에 의해 다시 한번 모사되고 재해석되기도 한다. 전 세계 여러 미술관에 반 고흐가 모사한 밀레의 그림들이 소장되어 있지만, 오르세에 있는 〈낮잠〉이 가장 걸작으로 꼽힌다.

〈정기가 있는 사리 내린 들판〉 빈센트 반 고흐, 1890, 캔버스에 유채, 72×90cm, 암스테르담 반 고흐 미술관 소장

〈겨울의 쉬어 낮잠〉 1862, 캔버스에 유채, 빈 벨베데레 오스트리아 미술관 소장

〈걸음마〉 빈센트 반 고흐, 1890, 캔버스에 유채, 72.4x91.1cm, 뉴욕 메트로폴리탄 박물관 소장
〈걸음마〉 장 프랑수아 밀레, 1859, 캔버스에 유채, 29.5x45.9cm, 오하이오 클리블랜드 미술관 소장

TAKE TWO

고흐의 삶을 이해하면 그림이 보인다

오르세에는 반 고흐가 밀레로부터 영향을 받아 그린 또 하나의 걸작이 있다. 〈오베르 쉬르 와즈 성당〉이 그것인데, 밀레가 그린 성당도 같은 오르세에 있어서 두 그림을 함께 볼 수 있다. 반 고흐는 잘 알려져 있다시피, 목사의 아들이었고, 아버지처럼 자신도 목사가 되려고 했다. 특히 탄광촌에서 가난한 노동자들과 함께 지낸 시간은 자신을 송두리째 바친 말 그대로 헌신의 시간이었다. 지나친 열정이 화근이 되어 반 고흐는 탄광촌에서도 쫓겨나고 만다. 이 지하 탄광촌에서의 헌신적인 삶은 그가 화가가 되려고 마음을 굳히고 그린 누에넨 시절의 〈감자 먹는 사람들〉같은 어두운 그림에 잘 드러나있다.

반 고흐는 동생 테오가 그림을 거래하는 화상으로 일하던 파리에 올라오면서 성직에 대한 꿈을 완전히 단념한다. 남프랑스의 아를과 생 레미 등에서의 생활은 창작의 측면에서 보면 반 고흐에게는 더할 나위 없이 풍요로운 시기였지만, 인간적인 측면에서 보면 반대로 정신착란에 걸려 고생을 한 비참한 시간의 연속이었다. 겨우 안정을 찾은 반 고흐는 다시 동생이 있는 파리로 올라와 파리 인근의 작은 마을 오베르 쉬르 와즈에 정착을 한다. 하지만 불과 두 달 남짓 이곳에 머물렀을 뿐, 반 고흐는 까마귀가 나는 밀밭에서 스스로 목숨을 끊고 만다.

TAKE THREE

아버지의 집을 그린 두 화가

오르세에 있는 〈오베르 쉬르 와즈 성당〉은 반 고흐가 목숨을 끊기 한 달 전에 그린 그림이다. 유럽에서 가장 많은 고딕 성당이 있고 또 걸작 대성당도 많은 프랑스에 살면서도 반 고흐는 성당을 단 한 점도 그리지 않았다. 오르세에 있는 〈오베르 쉬르 와즈 성당〉이 유일한 성당 그림인데, 이 성당은 실제로는 웅장하고 아름다운 고딕 성당이 아니라 작고 허름한 로마네스크 양식의 시골 성당이다.

그림을 보면 성당은 실제 모습보다 훨씬 아름답고 극적으로 묘사되어 있다. 성당의 윤곽선들은 마치 주술에 걸린 듯이 움직이고 있으며 성당 내부는 진보라 빛의 하늘이 들어와 가득 채우고 있다. 불안하면서도 아름다운 성당은 곧 무너져 내릴 것만 같다. 어쩌면 반 고흐는 이 성당을 그리면서 옛날 누에넨 시절 동네에서 보았던 허름한 성당을 떠올렸을 지도 모른다. 아버지처럼 목사가 되려고 했지만, 실패했고 전도사로서의 삶도 접어야 했던 반 고흐가 생의 마지막 순간에 완벽한 모습으로 재현한 이 성당은 아마도 화가에게는 상징적인 의미의 '아버지의 집'이었는지도 모른다.

반 고흐의 그림을 같은 오르세에 있는 밀레의 〈그레빌 성당〉과 나란히 놓고 보면 딱히 직접적인 영향을 받았다고 단언을 할 수는 없지만, 전체적인 비장한 분위기는 유사성을 보여준다. 어쩌면 두 화가에게 성당 그림은 일종의 그림을 통한 신앙 고백이었는지도 모른다. 이런 의미에서 보면 밀레의 〈그레빌 성당〉 역시 상징적인 '아버지의 집'이었다고 볼 수 있다.

TAKE FOUR

생의 마지막에 그린 그림, 성당

밀레는 북프랑스의 노르망디 지방의 그레빌에서 태어났지만 대부분의 삶을 파리와 교외인 바르비종에서 보냈다. 〈그레빌 성당〉은 그의 고향에 있는 시골 성당을 그린 것인데, 양식도 없는 정말 허름한 예배당이다. 그러나 이 작고 허름한 성당은 밀레가 어린 시절, 할머니의 손을 잡고 함께 찾아가 예배를 보곤 했던 곳이다.

1874년 죽기 일년 전에 그린 〈그레빌 성당〉은 밀레의 유언과도 같은 작품이다. 종탑 위로 새떼들이 날아가고 있고 그 뒤로는 밝은 햇살이 구름을 물들이고 있다. 돌담 옆에서는 몇 마리 양들이 풀을 뜯고 있고 괭이를 어깨에 둘러 맨 농부가 걸어 내려오고 있다. 성당 앞 마당에는 십자가가 꽂혀있는 무덤이 있지만, 그림의 다른 부분들이 너무나 허름하고 초라해서 무덤이 특별히 눈에 들어오지도 않을 정도다. 고향은 그것이 아무리 작고 보잘것없는 곳이라고 해도 누구의 마음에나 영원히 지울 수 없는 이미지로 남아있게 마련이다. 예술가들은 이런 마음 속의 고향을 개인적 차원을 넘어서서 보다 많은 사람들의 고향으로 표현할 수 있는 사람들이다. 밀레 역시 허름한 시골 예배당을 그린 〈그레빌 성당〉에서 산업 사회 시대에 번잡한 도시에 살면서 언제나 시골의 작은 예배당을 그리워하는 많은 사람들의 향수를 자극하는 성당을 그린 것이다.

하지만 반 고흐가 밀레의 이 성당 그림을 보고 느낀 것은 이런 평범한 진리 그 이상의 다른 것이었다. 반 고흐는 성당을 많이 그리지 않았던 밀레가 생의 마지막에 성당을 그리며 진정으로 그리고 싶어했던 것이 단순한 어린 시절의 추억이 아니라, 그가 평생 찾아 헤매었던 절대자의 집이었음을 알아차린 것이다. 반 고흐 역시 밀레처럼 마지막 순간에 성당을 그렸다. 두 화가 모두 '아버지의 집'을 그린 것이다.

〈그레빌 성당〉 장 프랑수아 밀레, 1871~1874, 캔버스에 유채, 60×73.4cm • 1층 쎈느 관 (Rez-de-chaussée, Galerie Seine)

〈오베르 쉬르 와즈 성당〉 빈센트 반 고흐, 1890, 캔버스에 유화, 94×74.5cm • 3층 35전시실 (Niveau Supérieur, Salle 35)

THEME > 생각하는 남자, 생각하는 여자
THE THINKING MAN
AND WOMAN

로댕의 유명한 조각 〈생각하는 사람〉은 100여 개의 크고 작은 작품들이 모여서 이루어진 〈지옥의 문〉의 한 부분이다.
문 꼭대기에 웅크리고 앉은 채 지옥에 떨어지는 가련한 인간들을 내려다 보고 있는 이 조각은 이후 유명해지자 따로 분리,
확대되어 여러 번 제작되었다. 오르세에 가면 이 〈지옥의 문〉의 석고 원형을 볼 수 있다. 세계에서 7번째로 문을 연 한국의
로댕 갤러리에서도 청동으로 주조한 〈지옥의 문〉을 볼 수 있지만, 로댕의 손길이 직접 닿은 석고 원형을 대하면 남다른
감동이 느껴져 온다.
오르세에서는 로댕, 마이욜, 부르델로 이어지며 현대 조각의 문을 연 세 거장의 조각 작품들을 한꺼번에 만날 수 있다.
조각을 사랑하는 이들에게는 하나의 축복이다. 특히 로댕의 〈생각하는 사람〉은 마이욜, 부르델의 작품과 각각 대비를 이루고
있어 서로 비교하며 감상할 수 있다. 로댕 이후 프랑스 현대 조각을 이어받은 마이욜의 〈지중해〉는 로댕의 우람한 남자
조각과 달리 부드럽고 풍만한 느낌의 '생각하는 여자'를 보여줌으로써 같은 주제, 다른 느낌을 전달하고 있다. 또한 그의
제자 부르델은 〈활을 쏘는 헤라클레스〉에서 '행동하는 사람'의 역동적인 모습을 표현해 〈생각하는 사람〉과 뚜렷한 대조를
보여준다.

PHOTO_ 〈지옥의 문〉 오귀스트 로댕(1840-1917), 1880-1917, 석고, 635x400x94cm • 2층 로댕 테라스 (Niveau Médian, Terrasse Rodin)

PHOTO_ 〈지중해〉 아리스티드 마이욜(1861~1944), 1923~1927, 대리석, 110.5x117.5x68.5cm • 2층 밀 테라스 (Niveau Médian, Terrasse Lille)
PHOTO_ 〈생각하는 사람〉 오귀스트 로댕(1840~1917), 1906, 청동, 높이 69cm • 2층 로댕 테라스 (Niveau Médian, Terrasse Rodin)

TAKE ONE

로댕의 '생각하는 남자' 와 마이욜의 '생각하는 여자'

마이욜의 작품에는 물론 '생각하는 여자' 가 아니라 〈지중해〉라는 멋진 제목이 붙어있다. 비유적이고 상징적인 이 이름은 마이욜의 문인 친구들이 붙여준 것으로 풍만한 여인 누드를 모델로 조각한 작품에 너무나 잘 어울린다. 마이욜의 이 작품을 로댕의 〈생각하는 사람〉과 나란히 놓고 보면, '생각하는 여자' 라는 생각이 자연스럽게 든다. 실제로 〈생각La Pensée〉이라는 제목이 붙기도 했었다.

마이욜의 작품은 짧고 두툼하고 한없이 부드러운 몸매의 여인이 고개를 숙인 채 깊은 생각에 잠겨있는 모습을 묘사하고 있다. 무릎 위에 올려진 왼쪽 팔, 직각을 이루고 있는 두 다리 그리고 바닥을 짚고 있는 오른쪽 팔 등은 몸과 균형을 이루며 빈 공간을 만들어 내고 있다. 제목에 충실하자면 여인의 굵고 부드러운 육체는 대륙이며, 그 대륙들 사이의 공간이 아마도 지중해일 것이다. 그러나 이러한 해석 보다는 여인 누드를 통해 바다를 표현했던 서구의 오랜 우의적 전통을 언급하는 것이 적합할 것이다. 물론 마이욜은 고전 조각이 요구하는 해부학이나 가녀린 여체의 우아함 등에서 벗어나 자신만의 독특한 여체 취향을 그대로 드러내고 있다. 때문에 이 작품은 고전적인 해부학에서 벗어남으로써 훗일 현대 조각의 문을 연 작품으로 평가 받고 있다.

TAKE TWO

로댕의 〈생각하는 사람〉과 부르델의 '행동하는 사람'

오르세에는 로댕의 제자 부르델의 조각 작품 〈활을 쏘는 헤라클레스〉가 전시되어 있다. 로댕의 〈생각하는 사람〉과 대비되는 '행동하는 사람'을 조각한 작품으로 볼 수 있다. 힘껏 시위를 당기는 역동적인 묘사가 웅크리고 앉아있는 〈생각하는 사람〉과 극명한 대조를 보이며 사고와 행동이라는 인간의 두 가지 삶의 유형을 잘 보여준다. 하지만 두 작품 사이의 진정한 차이는 부르델의 조각이 스승 로댕의 조각보다 훨씬 단순화된 형태를 통해 하나의 극적인 순간을 묘사하고 있다는 데에서 찾을 수 있다. 이는 후일 현대 조각에 적지 않은 영향을 끼친다.

〈활을 쏘는 헤라클레스〉는 그리스 신화에서 헤라클레스가 신의 반열에 오르기 위해 12가지 과업 중 하나로 스팀팔스 호수의 괴조를 퇴치하는 장면을 담아내고 있다. 공간을 분할하는 놀라운 구도와 인물의 긴장된 육체를 단순화시킨 양감 등은 사실주의와 이상주의, 힘과 절제, 빈 공간과 충만함 등 서로 상충하며 양립하기 힘든 이질적인 것들을 한 작품 속에서 구현해 내고 있다. 줄과 살이 없는 활은 조각에 묘한 깊이를 더해주며, 몸에 비해 거대한 활의 크기는 무한을 향한 인간의 의지를 느끼게 한다.

TAKE THREE

대서사시에 깃들어 있는 거장의 숨결

로댕의 유명한 조각, 〈생각하는 사람〉은 처음부터 독립된 작품이 아니었다. 1880년 국가로부터 한 건물의 문을 장식할 기념물을 주문 받고 〈지옥의 문〉을 제작하기 시작하는데, 바로 이 작품의 일부를 장식하게 될 조각이었던 것이다. 〈지옥의 문〉의 주제를 단테의 신곡에서 따온 만큼, 이 문의 꼭대기에는 인간 군상을 비참한 심정으로 굽어보고 있는 시인의 모습을 넣을 예정이었다. 그러나 제작이 진행되는 20여 년의 오랜 과정에서 오늘날의 〈생각하는 사람〉이 탄생하게 된다.

1880년 이 작품을 주문 받은 로댕은 아이디어를 얻기 위해 피렌체에 있는 기베르티의 〈천국의 문〉과 바티칸 시스티나 성당의 벽화 〈최후의 심판〉 등을 참고하기도 했다. 특히 피렌체 산 로렌초 메디치 가의 묘를 장식하고 있는 조각과 동시대 조각가였던 카르포의 〈우골리노〉는 〈생각하는 사람〉의 구도를 잡는데 적지 않은 영향을 주었다. 오른팔을 왼쪽 무릎에 대고 있는 〈생각하는 사람〉의 불편한 자세와 비슷한 포즈를 미켈란젤로와 카르포의 조각에서 볼 수 있는 것도 이 때문이다.

로댕의 〈생각하는 사람〉에서 옷을 벗은 남자는 특정한 계급이나 신분에서 벗어난 인간 일반을 상징하고 있다. 근육질의 탄탄한 몸과 웅크리고 있는 모습에서 마치 역사ヵ±의 모습을 연상시킨다. 유일하게 생각하는 동물인 인간의 고뇌가 옷을 벗은 나신의 근육을 통해 표현되고 있는 것이다. 〈지옥의 문〉에서 분리된 〈생각하는 사람〉은 1896년 처음 청동으로 주조되었고, 이후 작품이 알려지면서 20세기 초 이전보다 크기가 확대된 작품이 다량 제작되기에 이른다.

서구 조각사에서 로댕의 〈지옥의 문〉과 〈생각하는 사람〉은 미켈란젤로 이후 최고의 작품으로 간주된다. 철학적이면서도 종교적인 비장한 분위기, 기존의 조각 개념에서 벗어나 새로운 형태를 찾고자 했던 조각가로서의 힘든 노력 등이 한데 어우러진 걸작이다. 그래서 우리는 〈지옥의 문〉에 올라가 있는 〈생각하는 사람〉을 로댕과도 동일시하게 되는 것이다.

PHOTO. 〈지옥의 문〉 오귀스트 로댕(1840~1917), 1880~1917, 석고, 635×400×94cm · 2층 로댕 테라스 (Niveau Médian, Terrasse Rodin)

PHOTO_ 〈천국의 문〉 로렌초 기베르티(1378-1455), 1425-1452, 청동 도금, 피렌체 세례당 청동문 동쪽
PHOTO_ 〈발자크〉 오귀스트 로댕(1840-1917), 1898, 석고, 275x121x132cm ·2층 로댕 테라스 (Niveau Médian, Terrasse Rodin)
PHOTO_ 〈지옥의 문〉 상단

THEME > 인테리어 마침내 예술이 되다

ANOTHER NAME
OF INTERIOR ART, ART NOUVEAU

아르누보^{Art Nouveau}는 '새로운 예술', '새로운 양식'을 뜻하는 프랑스 어이다. 이 평범한 단어가 미술 사조가 된 배경에는
새로운 예술을 기다리던 미술계와 일반인들의 욕구가 깔려있다. 19세기 말에서 20세기 초까지 짧게는 10년, 길게는 약 20년
정도 유행한 새로운 미술 양식으로 특히 프랑스, 벨기에, 독일, 오스트리아, 영국, 네덜란드, 이탈리아 등 유럽을 중심으로
퍼져 미국에서까지 크게 유행했다. 짧은 기간에도 불구하고 그 영향력 측면에서는 상당히 중요한 의미를 지니고 있다.
자연스럽게 휘어지며 자라는 식물의 가지와 나뭇잎 등을 도입한 디자인 개념이 아르누보의 주요 특징 중 하나이다. 오르세
2층에는 기마르 등이 디자인한 아르누보 양식의 실내와 가구들이 재현되어 있어 건축, 디자인, 현대 미술을 공부하는 이들
에게 좋은 자료 역할을 하고 있다.

PHOTO _ 〈화병〉 오토 에크만(1865-1902), 1897, 자기, 51.7x29x18cm • 2층 61전시실 (Niveau Médian, Salle 61)

PHOTO. 어 르세에일 어 미르비즈 가 퍼누비는 컬렉션 · 2층 61전시실 (Niveau Médian, Salle 61)

TAKE ONE

고전주의를 떠나, 새로운 예술을 찾아라

아르누보 양식은 두 가지 중요한 특징을 보인다. 첫째는 그리스 로마의 건축과 미술에 뿌리를 둔 르네상스로부터 거의 한 발자국도 못 나가고 있던 이전의 서구 미술에 자연적 요소를 도입함으로써 새로운 예술을 시도해보려고 했다는 점이다. 나뭇가지와 잎 등의 자연스러운 곡선을 디자인에 도입한 것도 이 같은 시도의 일환이었다. 이런 흐름의 배후에는 고딕 건축의 열광적인 옹호자로서 고딕 건축 복원에 평생을 바친 프랑스 건축가 비올레 르 뒤크와 영국 출신 예술 비평가 존 러스킨의 열정이 숨어있다. 하지만 실제로 아르누보 양식을 건물과 가구, 지하철 입구, 공원 벤치 등에 폭넓게 활용해 유행을 선도한 사람은 프랑스의 엑토르 기마르이다. 이런 이유로 프랑스에서는 아르누보 양식을 기마르 양식으로 부르기도 한다.

TAKE TWO

디자인으로부터 영향을 받게 된 순수 미술

두 번째 특징은 디자인에서 시작된 운동이 순수 미술에도 영향을 미쳤다는 점이다. 원래 디자인은 순수 미술을 응용하는 분야였는데 아르누보부터 주객이 전도되기 시작한 것이다. 미술사의 이 같은 혁명에서 20세기 들어 미술과 세계관 전체에 변화가 일고 있었음을 짐작해볼 수 있다.

아르누보는 건축과 디자인에 큰 영향을 미쳤고, 체코 미술가로 파리에서 활동한 알폰스 무하, 오스트리아 분리파 화가인 클림트 등 화가들에게도 많은 영향을 미쳤다. 스웨덴의 뭉크, 파리의 툴루즈 로트렉와 나비파 등도 아르누보 양식의 곡선을 많이 사용하는 스테인드글라스 기법 등에서 아이디어를 얻곤 했다.

아르누보가 전 유럽으로 퍼져나가며 크게 유행하게 된 것은 19세기 중엽부터 시작되어 당시 유럽 각국의 수도에서 활발히 진행된 공공건물 증축과 도심 재개발과도 관련이 있다. 기마르 역시 1900년 개통된 파리 지하철 1호선 역을 아르누보 양식으로 제작하는 등 공공미술에까지 영향력을 끼쳤다. 아르누보는 독일에서는 '유겐트 양식Jugendstil', 영어권에서는 '모던 스타일Modern Style' 등으로 불리기도 하지만 일반적으로는 프랑스 어인 아르누보가 사용된다.

Collection

Works in Focus 〉 오르세가 소장한 층별 작품들

아카데미즘, 사실주의, 인상주의에 이르는 회화는 물론, 아르누보 가구와 조각까지 19세기 예술의 모든 것을 볼 수 있는 오르세. 무엇부터 어떻게 볼지 고민스럽다면 MUST가 소개하는 오르세 컬렉션을 참고할 것. 오르세가 소장하고 있는 주요 작품들을 층별, 주제별로 묶어 소개한다.

1층 – 인상주의 이전 〉 죽음에서 깨어나는 불사의 나폴레옹 / 1814, 프랑스 전투 / 자식들을 양육하고 교육하는 어머니, 공화국 / 우골리노와 자식들 / 사자 사냥(1854년의 스케치) / 오르낭의 매장 / 발코니 / 에밀 졸라 / 오르페우스 / 해변의 처녀들 / 진리

2층 – 19세기 후반의 조각과 회화 〉 걷고 있는 인간 / 중년 / 생 미셸 / 백곰 / 카인 / 운명의 수레바퀴 / 플라톤 학파 / 나무들과 장미꽃 / 크로케 게임 혹은 황혼 / 나리 가족, 대화, 붉은 우산

3층 – 인상주의 • 후기 인상주의 〉 타히티의 여인들 / 아레아레아 / 라 벨 앙젤르 / 브르타뉴 여인들 / 부적 / 요람 / 책 읽는 여인 / 바느질 하는 여인 / 다림질 하는 여인들 / 빨래 너는 여인 / 성 안토니우스의 유혹 / 맹시 다리 / 목욕하는 사람들 / 카드놀이 하는 사람들 / 커피 포트가 있는 여인의 초상화 / 물가의 여인들 / 노적가리, 지베르니의 늦여름 / 수련 연못, 적색 하모니

Rez-de-chaussée

1층

1층에는 조각만이 아니라, 19세기 후반 오페라 하우스 건축과 함께 파리의 모습을 새롭게
바꾸어 놓았던 나폴레옹 3세 때의 도시 계획, 건축, 실내 디자인 등을 한눈에 살펴볼수
있는 코너가 마련되어 있다. 이와 함께 당시의 언론, 문학, 음악 그리고 막 시작된 영화에
관련된 자료들도 볼 수 있으며, 19세기 내내 에콜 데 보자르 국립미술학교를 중심으로 파리
화단을 지배했던 아카데미즘 경향의 대형 그림들이 전시되어 있다. 이와 함께 인상주의를
가능하게 했던 쿠르베, 마네 등의 사실주의와 코로, 밀레 등의 바르비종파의 그림들이 초기
인상주의 회화들과 함께 전시되어 있다.

계속되는 영웅 나폴레옹의 전설

18세기 후반에서 19세기 초까지 프랑스에서 나폴레옹의 존재는 단순히 나라를 구한 전쟁 영웅 이상의 의미를 갖고 있었다. 유럽 전역에 혁명 정신의 불씨와 민족주의를 퍼뜨렸던 나폴레옹은 당시 프랑스 인들에게 마치 신과 같은 존재였다. 혼란스럽고 불안한 프랑스를 하나로 모으고, 다시 나라를 일으켜 세울 정신적 지주였던 것이다. 전제 군주 못지 않게 절대 권력을 휘두른 독재자이자 과한 욕심으로 결국 치욕적인 최후를 맞은 패배자로 평가 받는 면이 없지 않지만, 에트왈 광장 한가운데를 차지하고 있는 개선문에서 당시 그의 영향력과 존재감을 짐작할 수 있다.

:: 인상주의 이전 ::::::

죽음에서 깨어나는 불사의 나폴레옹
프랑수와 뤼드(1784–1855), 1845, 석고, 높이 215cm l 1층 중앙 통로 (Rez-de-chaussée, Nef)

뤼드는 19세기 초반에 활동한 낭만주의 조각가로 나폴레옹의 개선문을 장식하고 있는 유명한 조각 〈라 마르세예즈〉가 그의 대표작 중 하나다. 이 작품의 석고 원형을 포함해 〈죽음에서 깨어나는 불사의 나폴레옹〉의 원본이 오르세에 소장되어 있다. 〈죽음에서 깨어나는 불사의 나폴레옹〉은 나폴레옹 휘하의 장교였던 사람이 주문해 제작된 것이다. 이 작품에서 나폴레옹은 실존했던 인물이라기보다 신격화된 전설 속의 영웅으로서 숭배의 대상이었으며, 숨을 거둔 이후에도 이 전설이 계속되고 있음을 짐작해볼 수 있다.

1814, 프랑스 전투
에른스트 메쏘니에(1815–1891), 1864, 캔버스에 유채, 51.5x76.5cm l 1층 센느관 (Rez-de-chaussée, Galerie Seine)

1814년 3월, 나폴레옹은 연합군에게 패해 파리를 내주게 된다. 그 직후 엘바 섬으로 유배를 떠나면서 나폴레옹의 시대도 저문다. 역사화로서는 상당히 작은 크기의 이 그림에서 메쏘니에는 연합군을 맞아 불 보듯 뻔한 패배를 앞두고 최후의 일전에 임하는 나폴레옹의 마지막 모습을 보여주고 있다. 그 뒤를 따르는 장군들은 하나같이 고개를 떨군 지친 모습이며, 하늘도 땅도 비장한 분위기로 가득하다. 사건이 일어난 지 50년 뒤에 그려진 역사화임에도 냉정한 상황 묘사로 나폴레옹을 그린 그림들 중 빼어난 수작으로 꼽는다.

| 사실주의 관련 작품 찾아보기 |

〈화가의 아틀리에〉 귀스타브 쿠르베, 1855 MASTERPIECE_ p.031
〈샘〉 귀스타브 쿠르베, 1868 THEME_ p.051
〈파도〉 귀스타브 쿠르베, 1869 THEME_ p.066
〈피리 부는 소년〉 에두아르 마네, 1866 MASTERPIECE_ p.033
〈풀밭 위의 식사〉 에두아르 마네, 1863 THEME_ p.054
〈올랭피아〉 에두아르 마네, 1863 THEME_ p.060

자식들을 양육하고 교육하는 어머니, 공화국

오노레 도미에(1808~1879), 1848, 캔버스에 유채, 73x60cm I 1층 4전시실 (Rez-de-chaussée, Salle 4)

1848년 제2공화국 선포와 함께 공화국을 주제로 공모전이 진행된다. 그러나 곧이어 발발한 나폴레옹 3세의 쿠데타로 취소되고 마는데, 당시 약 5백여 점의 출품작 중 하나가 바로 도미에의 이 작품이다. 우의적인 정치화인 이 그림에서는 프랑스 삼색기를 한 손에 든 건장한 여인의 풍만한 육체에 아이들이 달려들어 젖을 먹고 있다. 성별이 모호할 정도로 늠름한 풍채의 여인과 그 아래 책 읽는 아이의 모습은 어머니가 아이에게 젖을 먹이듯이 공화국에게 교육을 비롯한 부양 책임을 질 것임을 의미한다. 사실주의 화가이기도 했던 도미에는 당시 졸부나 부패한 관료를 풍자하는 신문 만평을 그리거나, 이들을 우스꽝스러운 조각으로 묘사하기도 했다. 오르세에도 그의 만평과 풍자 조각들이 여러 점 있다.

우골리노와 자식들

장 바티스트 카르포(1827~1875), 1860, 테라코타, 56x41.5x28.4cm I 1층 통로 (Rez-de-chaussée, Nef)

권모술수에 능했던 피사의 독재자 우골리노 델라 게라르데스카를 모델로 한 작품으로, 대주교와의 다툼에서 패해 두 아들과 함께 탑에 감금된 순간을 묘사하고 있다. 전설에 따르면 아사형을 선고 받고 굶주림 끝에 혈육을 잡아 먹은 뒤 가장 마지막으로 죽었다고 한다. 단테의 〈신곡〉 지옥편에서 야수로 등장하기도 했으며, 들라크루와에서 로댕에 이르기까지 많은 낭만주의, 상징주의자들이 즐겨 다룬 주제였다. 흙으로 빚은 테라코타와 청동 작품이 있으며, 최후의 순간을 맞이한 인간의 비참하고 고뇌에 찬 모습이 극적으로 묘사되어 있다.

낭만주의와 사실주의

인상주의는 하루 아침에 불쑥 태어나지 않았다. 멀리는 낭만주의 화가인 들라크루와 사실주의의 쿠르베로부터, 가까이는 마네의 그림에서부터 시작되었다고 할 수 있다. 오르세에는 인상주의의 탄생에 기여한 들라크루와의 마지막 작품들과 사실주의, 바르비종파 등의 작품들이 인상주의 회화들과 함께 소장되어 있다. 북아프리카를 여행하면서 작렬하는 태양과 이국적인 풍경에 매료되었던 들라크루와는 지중해에서 받은 빛의 세례를 인상주의자들에게 물려주었으며, 쿠르베로 대표되는 사실주의는 19세기 말 유럽 미술계를 지배했던 아카데미즘에 반발하며 인상주의를 예고한다.

사자 사냥(1854년의 스케치)
으젠 들라크루와(1798-1863), 1854, 캔버스에 유채, 86x115cm | 1층 2전시실 (Rez-de-chaussée, Salle 2)

보르도 박물관에 소장된 원본이 1870년 화재 때 손상을 입어, 오르세에 있는 이 스케치가 원본 역할을 하고 있다. 신속하고도 거침없는 터치와 격렬한 붓놀림에 의해 붉은색과 황색은 마치 용암처럼 분출하고 있고, 말과 사자 그리고 인간은 서로를 구분하기 어려울 만큼 하나의 거대한 원을 그리며 엉켜있다. 이전의 형식과 테크닉으로는 그릴 수 없는 전혀 새로운 감정과 사상이 다가오고 있었음을 짐작해볼 수 있다. 들라크루와는 북아프리카 여행을 통해 빛과 색의 절대성을 깨닫고, 색의 본질이 주변과 충돌하며 빚어내는 효과 속에 있음을 알게 된다. 그리고 이를 구체적으로 화폭에 담아내는 과정은 인상주의자들이 이어간다.

오르낭의 매장
귀스타브 쿠르베(1819-1877), 1849-1850, 캔버스에 유채, 315x668cm | 1층 7전시실 (Rez-de-chaussée, Salle 7)

가로 길이만 대략 7m에 달하는 이 대형화는 화가의 고향인 오르낭에서 거행되는 한 매장 장면을 묘사하고 있다. 이름 없는 평범한 시골 사람의 매장식을 마치 대형 역사화처럼 그렸다고 해서 당시 엄청난 비난과 혹평에 시달렸던 작품이다. 쿠르베는 평범한 민중의 일상을 역사화나 신화화와 대등한 위치에 놓음으로써 아카데미즘에 대한 반항과 새로운 미술에 대한 강한 의지를 담아내고 있다. 이 그림은 정치와 미학 양면에 걸쳐 화가 쿠르베가 평생 동안 추구하게 될 투쟁의 신호탄이기도 했다.

발코니
에두아르 마네(1832–1883), 1868–1869, 캔버스에 유채, 170x124.5cm I 1층 14전시실 (Rez-de-chaussée, Salle 14)

1869년 살롱전에 출품된 작품이다. 스페인 화가 프란시스 드 고야가 즐겨 사용했던 구도와 테마를 다루고 있어 마네가 받은 스페인 회화의 영향을 엿볼 수 있다. 맨 앞에 앉아 있는 여인은 화가 베르트 모리조로 마네의 동생과 결혼하게 된 인물이다. 세 인물의 시선은 서로 다른 곳을 향하고 있어 마치 마네킹을 세워놓은 것 같은 분위기를 연출한다. 무심한 장면을 묘사했지만, 어두운 배경으로 인해 더욱 돋보이는 모슬린 치마의 눈부신 흰색과 세 인물을 액자처럼 감싸고 있는 초록색 덧문, 발코니 난간은 일상의 한 순간을 영원히 붙들어 놓고 있다.

에밀 졸라
에두아르 마네(1832–1883), 1868, 캔버스에 유채, 146x114cm I 1층 14전시실 (Rez-de-chaussée, Salle 14)

문학가이자 미술 평론가로 활동했던 19세기 작가들 가운데 졸라는 분석과 평가의 정확함, 시적 상상력에 있어 18세기 디드로의 계보를 잇는 인물로 꼽힌다. 특히 마네를 옹호했던 것으로 유명하다. 이 작품은 마네가 감사의 뜻으로 졸라에게 선사한 초상화이다. 그림 속 졸라는 겨우 두 편의 소설로 파리 문단에 얼굴을 내민 27살의 청년이었다. 뒤편에는 일본 목판화 우키요에와 마네의 〈올랭피아〉가 보인다. 후일 졸라는 소설 〈작품〉에서 마네, 세잔느, 모네 등 실존했던 인물들을 모델로 실패한 천재, 저주받은 시인을 테마로 다루는데, 이 때문에 죽마고우였던 세잔느와 절교해 죽을 때까지 다시 만나지 않았다고 한다.

상징주의 회화들

한쪽에서는 인상주의 운동이 일어나 신문에 만평이 실리는 등 소란스러웠지만 다른 한쪽에서는 이와 무관하게 공화국을 기념하는 정치적 기념물과 그림이 제작되거나, 상징주의 그림들이 그려지고 있었다. 이처럼 19세기 중엽 이후 20세기 초까지 진행된 다양한 미술 운동과 문화 현상 전반에 걸친 풍부한 자료들이 오르세에 소장되어 있다.

오르페우스
귀스타브 모로(1826~1898), 1865, 패널에 유채, 154x99.5cm | 1층 12전시실 (Rez-de-chaussée, Salle 12)

가장 전형적인 상징주의 화가로 알려진 모로는 19세기 말 상징주의가 유럽 전역을 휩쓸기 이전부터 성서, 그리스 로마 신화 및 각종 전설을 묘사하면서 신비롭고 비의적인 의미를 지닌 그림들을 그렸다. 신화 속 인물인 오르페우스를 소재로 한 이 작품은 그의 다른 그림들과 마찬가지로 보는 이들을 환상의 세계로 인도하는 묘한 흡인력을 갖고 있다. 슬픈 얼굴의 여인은 오르페우스가 연주하던 악기 위에 올려진 그의 머리를 바라보고 있으며 그 뒤로 무한한 풍경이 펼쳐지고 있다. 악기나 그림 오른쪽에 있는 두 마리 자라, 피리 부는 목동, 여인의 흉부 장식과 섬세한 옷 등 그 의미를 정확히 알 수 없는 모호한 상징들이 작품을 더욱 신비롭게 만들고 있다.

해변의 처녀들
피에르 퓌비 드 샤반느(1824~1898), 1879, 캔버스에 유채(장식 패널), 205x154cm | 1층 11전시실 (Rez-de-chaussée, Salle 11)

해변의 세 여인을 묘사한 이 그림은 서양의 많은 화가들이 즐겨 그렸던 '우미의 삼여신'이라는 고전적 주제를 다루고 있다. 프랑스 화가 퓌비 드 샤반느의 작품으로 2002년 오르세전 당시 한국에도 왔던 그림이다. 그림 속 인물들은 거의 똑같은 체형에 똑같은 머리와 얼굴을 하고 있어, 마치 한 여인이 다양한 자세를 취하고 있는 듯 하다. 퓌비 드 샤반느는 낙원이나 몽상 속의 공간을 묘사하는 빼어난 상상력을 발휘했던 화가다. 소르본느 대학이나 파리 시청 등에 벽화를 남긴 그는 이런 상징주의 그림들에도 벽화풍의 분위기를 그대로 적용해 마치 옛날 성당의 빛 바랜 프레스코화를 보는 것 같은 착각을 들게 한다.

진리
뤽 올리비에 메르송(1846~1920), 1901, 캔버스에 유채, 221x372cm | 1층 4전시실 (Rez-de-chaussée, Salle 4)

이 그림에서 인물 배치는 거의 완벽한 좌우 대칭을 이루고 있다. 그림 중앙의 여인 뒤편으로 진리를 뜻하는 글자 '베리타스'가 보인다. 옆의 소년이 들고 있는 거울은 빛을 상징하는 것으로 여인과 소년은 진리와 교육의 관계를 암시하고 있다. 언뜻 비너스와 에로스, 마리아와 아기 예수의 분위기를 풍기기도 한다. 여인의 발 밑에 누워 수금을 들고 있는 인물은 음악을 상징하며 한 손에 팔레트를 들고 있는 왼쪽의 남자는 미술을, 그림 오른쪽 푸른 지구 위에 앉아 있는 인물은 천문학을 나타낸다. 이런 상징들을 통해 진리에 도달하는 예술과 학문을 표현하고 있는 작품이다.

Niveau Médian

2층

1층이 내려다 보이는 발코니 형태의 2층에는 로댕, 마이욜, 부로델 등 19세기 후반에 활동한
조각가들의 걸작들이 전시되어 있고, 아울러 아르누보, 퐁타벤파, 나비파 등 20세기의 문을 연
새로운 미술 사조들의 걸작들이 자리잡고 있다. 로댕, 마이욜, 부로델 등 선구자적 예술가들
이외에 19세기 후반의 기념물 조각을 제작했던 이들의 작품들도 함께 전시되어 있어,당시
사회상을 엿볼 수 있다. 특히 19세기 후반임에도 불구하고 나폴레옹을 기리는 조각이 많아
나폴레옹의 조카인 나폴레옹 3세가 지배했던 제2제정의 사회, 문화적 분위기를 잘 일러준다.

| 19세기 후반 조각 관련 작품 찾아보기 |

〈지옥의 문〉 오귀스트 로댕, 1880-1917 THEME_ p.087
〈생각하는 사람〉 오귀스트 로댕, 1906 THEME_ p.088
〈발자크〉 오귀스트 로댕, 1898 THEME_ p.091
〈지중해〉 아리스티드 마이욜, 1923-1927 THEME_ p.088
〈활을 쏘는 헤라클레스〉 에밀 앙투완 부르델, 1909 THEME_ p.089

로댕과 클로델

로댕과 그의 제자 카미유 클로델의 비극적인 사랑 이야기는 영화로도 제작되었을 만큼 미술사에서 몇 손가락 안에 드는 대형 스캔들이다. 카미유가 19살 때 처음 만난 두 사람의 관계는 점차 서로에 대한 연정과 작품이 뒤섞여 그 경계가 모호해져 갔다. 〈입맞춤〉, 〈생각〉, 〈영원한 우상〉 등 로댕의 걸작들이 당시 카미유의 육체를 빌어 제작된 작품이다. 그러나 한 여성으로서 로댕을 사랑했던 카미유와 달리, 로댕에게 카미유는 창작 활동의 영감이자 원천과 같은 존재에 가까웠다. 결국 로댕으로부터 버림받은 카미유는 30년 남짓 정신병원에 갇혀있다가 숨을 거두고 만다.

∷ 19세기 후반의 조각과 회화 ∷∷∷

걷고 있는 인간
오귀스트 로댕(1840-1917), 1905, 청동, 213x161x72cm I 2층 로댕 테라스 (Niveau Médian, Terrasse Rodin)

이 작품은 로댕의 〈생각하는 사람〉과 대조되는 작품이라 할 수 있다. 생각에 잠겨있는 인물이 아니라 '행동하는 인간'을 보여주고 있기 때문이다. 머리와 두 팔이 생략된 대담한 인체 구성을 통해 걷고 있는 두 발의 움직임을 강조하고 있다. 마무리가 덜 된 듯한 상체 역시 우람한 하체의 완벽함과 대조를 이룬다. 조각사에서 로댕은 인체의 전체상을 버리고 손이나 머리 혹은 동체만을 묘사함으로써 극적인 감정 상태를 표현한 선구자였다.

중년
카미유 클로델(1864-1943), 1905, 청동, 114x163x72cm I 2층 센느 테라스 (Niveau Médian, Terrasse Seine)

이 작품은 스승이자 연인이었던 로댕과의 이루어질 수 없는 사랑을 직접적으로 묘사하고 있다. 제목을 보면 얼핏 세월의 힘에 이끌려 가는 청춘을 표현한 조각이지만, 두 손을 치켜든 여인에게서 카미유의 애절한 마음을 읽을 수 있다. 재능 있는 조각가였던 카미유는 로댕의 신뢰를 한 몸에 받았고, 로댕은 그녀에게 많은 조각의 디테일을 맡기기도 했다. 〈칼레의 시민들〉의 손이나 발 등이 모두 그녀의 손을 거쳐 완성된 것들이다.

최후의 기념물 조각

1870년대 프랑스는 국가 전체가 커다란 위기에 처해 있었다. 프리시아와의 전쟁에서 패하고, 이에 절망한 국민들이 파리 코뮌이라는 폭동을 일으켰던 것이다. 이때 정권을 잡은 제3공화국은 이러한 분위기를 역전시키고, 국민 통합을 이루고자 대형 기념물 제작에 몰두했다. 프랑스의 찬란한 역사를 기념할 만한 조각을 현상 응모하고, 이를 건물과 거리 곳곳에 장식한다. 프리미에는 당시의 이러한 조각 경향을 보여주는 대표적인 조각가이자, 최후의 대형 기념물 조각가이다.

생 미셸
엠마누엘 프레미에(1824–1910), 1896, 구리, 617x260x120cm ㅣ 2층 센느 테라스 (Niveau Médian, Terrasse Seine)

제3공화국 당시 국가로부터 주문을 받아 제작된 작품으로 대표적인 대형 기념물 조각으로 꼽힌다. 석고 원본은 1896년 살롱전에 출품되었고 이를 바탕으로 제작된 청동 원본은 북프랑스의 기독교 순례지이자 유명한 관광지인 몽 생 미셸 성당에 있다. 오르세에 있는 작품은 원본을 기초로 구리판을 망치로 일일이 두들겨 만든 작품이다. 한 손에 저울을 달고 있는 것은 최후의 심판에 가담해 영혼의 무게를 재는 미카엘 천사의 지위를 상징하며, 거대한 날개와 칼, 제압당한 용의 모습, 과장된 분위기에서 마카엘 천사에 대한 고전적인 상징들이 그대로 담겨 있음을 알 수 있다. 작품의 주제는 새로울 것이 없지만, 조각의 날렵한 모습과 대담한 율동감은 20세기 문턱에서 제작된 마지막 기념물 조각임을 증명해 주고 있다.

백곰
프랑스와 퐁퐁(1855–1933), 1923–1933, 석재, 163x251x90cm ㅣ 2층 릴 테라스 (Niveau Médian, Terrasse Lille)

퐁퐁Pompon이라는 귀여운 이름의 이 조각가는 프랑스 현대 조각사에서 아주 특이한 위치를 차지하고 있다. 그는 누구도 손대지 않았던 동물 조각을 단순한 장식이 아닌 순수 예술품으로 승화시킨 장본인 이다. 오랫동안 로댕, 카미유 클로델 등 유명한 조각가들의 석고 원본을 대리석으로 다듬는 조수 역할을 했던 퐁퐁은 로댕의 지나친 표현주의에 염증을 느끼고 독립을 한 뒤 동물 조각에 매료되어 많은 작품을 남겼다. 그 중에서도 1922년 가을 살롱전에 출품해 큰 성공을 거둔 〈백곰〉이 가장 유명하다. 군더더기 없는 단순화, 움직임을 포착하는 기민한 시선 등이 돋보이는 작품이다. 무엇보다 조각의 표면을 매끄럽게 다듬어서 단순화된 형태에 빛이 비추면 마치 살아 움직이는 것 같은 착각을 불러일으킨다. 서구 조각에서 동물은 거의 취급되지 않는 주제였지만, 퐁퐁 덕택에 이를 재발견한 셈이다.

카인

페르낭 코르몽(1845-1924), 1880, 캔버스에 유채, 400x700cm I 2층 55전시실 (Niveau Médian, Salle 55)

코르몽은 선사 시대의 주제나 성서적 주제를 다룬 대형화로 명성을 날렸던 화가다. 〈카인〉은 1880년 살롱 전 출품작으로 국가가 직접 구입했을 만큼 인기를 누렸다. 그는 이 작품을 그리면서 고고학적 정확성을 위해 많은 자료를 참고함과 동시에, 모델을 고용해 인물을 한 사람씩 세심하게 묘사했다. 작품의 주인공인 카인은 아담과 이브의 장남으로 동생 아벨을 죽인 후, 신의 저주를 받아 방랑 생활을 하게 된 인물이다. 희망이라고는 찾아볼 수 없는 인물들의 표정과 길게 드리운 그림자에서 창세기에 등장하는 죄와 벌의 의미를 극적으로 드러내고 있다. 19세기 말에 유행한 자연주의와 상징주의의 영향도 엿볼 수 있다.

운명의 수레바퀴

에드워드 번 존스 경(1833-1898), 1883, 캔버스에 유채, 200x100cm I 2층 59전시실 (Niveau Médian, Salle 59)

상징주의의 먼 기원은 19세기 영국에서 일어난 라파엘 전파Préraphaélites에서도 찾을 수 있다. 라파엘로 이전의 르네상스 초기 회화를 계승하여 당시 세속적이고 장식적인 화풍을 쇄신하려는 의도로 결성된 모임이다. 에드워드 번 존스 경의 이 작품에서 역시 라파엘로 이전의 보티첼리와 미켈란젤로의 영향을 엿볼 수 있다. 그림 속 수레바퀴는 영원 회귀를 상징하며, 그 밑에 깔린 남자들은 운명의 수레바퀴에서 벗어나려고 애쓰는 인간을 의미한다. 왼쪽 여인은 운명의 여신으로, 주름이 잔뜩 잡힌 옷은 그녀의 수많은 생각과 고민을 상징한다.

플라톤 학파

장 델빌(1867~1953), 1898, 캔버스에 유채, 260x605cm I 2층 59전시실 (Niveau Médian, Salle 59)

벨기에 화가 장 델빌의 상징주의를 대표하는 이 작품은 가로 6m가 넘는 대형화로 원래 소르본느 대학을 장식하기 위해 제작되었던 작품이다. 좌우 대칭의 구도는 플라톤 사상에 대한 해석이며, 남자 제자들임에도 그리스 조각에서 볼 수 있는 근육질의 이상적인 몸이 아니라 여자 같은 가냘픈 몸과 우수에 찬 나른한 표정을 띠고 있는 점이 독특하다. 또한 플라톤과 제자들을 그린 작품이지만, 어딘지 예수와 12사도를 연상시키기도 한다. 이상화된 배경과 멋진 공작, 플라톤의 제스처 등은 이데아 철학을 설파한 플라톤을 예수와 동일시하려는 화가의 의도를 잘 일러준다.

나무들과 장미꽃

구스타프 클림트(1862~1918), 1905, 캔버스에 유채, 110x115cm I 2층 60전시실 (Niveau Médian, Salle 60)

오스트리아 분리파 화가인 클림트의 이 풍경화는 유겐트슈틸, 즉 독일어권의 아르누보 양식이 가장 잘 드러난 작품이다. 분간할 수 없을 정도로 섞여있는 나뭇잎과 꽃들은 마치 내적인 어떤 친화력에 이끌려 하나의 통일된 세계를 지칭하고 있는 것만 같다. 작은 터치들은 화가의 눈이 나뭇잎과 꽃잎 하나하나에 얼마나 사랑스러운 눈길을 보냈는지를 일러준다. 그림의 장식적 특징은 여기서 나온다. 초여름의 생명력, 삶의 환희가 캔버스에 가득하다.

나비파

'나비Nabis'는 히브리어로 예언자를 뜻하는 말로, 고갱의 영향을 받아 모인 인상주의에 반대하는 일군의 화가들을 지칭한다. 피에르 보나르, 펠릭스 발로통, 에두아르 뷔야르, 폴 세뤼지에 등이 주요 멤버였으며, 19세기 당시 유행하던 일본풍의 미술과 세잔느의 영향을 받아 주로 장식적인 회화나 실내 장식 예술 쪽에서 두각을 나타내었다. 이는 회화가 일상 생활로 들어와 산업화되는 초기 단계를 예고하는 것이었다.

크로케 게임 혹은 황혼
피에르 보나르(1867~1947), 1892, 캔버스에 유채, 130x162.5cm | 2층 72전시실 (Niveau Médian, Salle 72)

나리 가족, 대화, 붉은 우산
에두아르 뷔야르(1868~1940), 1894, 캔버스에 혼합재료, 213.5x73, 213x154, 214x81cm | 2층 67전시실 (Niveau Médian, Salle 67)

나비파의 일원이었던 보나르, 뷔야르 등은 1890년 파리 에콜 데 보자르 미술학교에서 열린 일본 목판화 전에서 우키요에를 새롭게 발견하고 이를 적극적으로 자신들의 그림에 반영했다. 이미 19세기 중엽부터 유럽에 유입된 우키요에였지만, 이들 나비파에게는 더욱 큰 영향을 미쳤다. 하지만 이들은 후기로 갈수록 색면을 강조하는 장식적인 단순한 형태에서 벗어나 깊이를 추구하는 그림으로 선회한다. 이에는 1907년에 열린 세잔느의 회고전이 결정적인 영향을 끼쳤다.

보나르의 그림은 우키요에의 평면적인 구성과 장식성을 가장 잘 보여준다. 인물들의 옷 또한 일본 기모노풍이 엿보인다. 뷔야르의 그림은 세로가 긴 세 점의 그림을 병풍처럼 연결한 액자 구성 자체가 일본의 영향을 느끼게 해준다. 뿐만 아니라 그림의 전경을 비우고 멀리 지평선을 배치하는 구도는 목판화의 구도를 연상시킨다.

3층

오르세에서 가장 눈여겨보아야 할 작품들은 말할 필요도 없이 3층 전시실에 소장되어 있는 인상주의 회화들이다. 인상주의의 발생에서부터 절정기와 쇠퇴기에 이르기까지 가장 충실하고 대표성을 띤 작품들이 모두 오르세에 소장되어 있다. 모네, 시슬레, 피사로 같은 인상주의 대표화가들은 물론이고, 인상주의로부터 영향을 받았지만 인상주의를 떠나 자신만의 새로운 길을 걸어간 세잔느, 르느와르, 드가, 반 고흐, 고갱 등의 작품이 모두 3층에 모여있다. 흔히 후기 인상주의 또는 점묘파로 불리기도 하는 쇠라, 시냐크, 크로스 등의 작품도 3층에서 볼 수 있다. 3층 회화관의 마지막 전시실에는 20세기 최초의 미술 유파인 야수파의 마티스, 블라맹크 등의 작품이 걸려있다.

퐁 타벤파

프랑스 브르타뉴 지방의 한 시골 마을, 퐁 타벤. 이 작은 마을이 미술사에 이름을 남기게
된 것은 1886년 폴 고갱이 일군의 화가들과 함께 머무르며 그림을 그리게 되면서였다.
퐁 타벤파 화가들은 자연주의나 인상주의 화가들의 분석적인 방법에 대해 회의를 품고 있었다.
그림은 그림이고 현실은 현실이라는 이들의 생각은 넓은 의미에서 사실주의를 포기하는
것을 뜻했다. 캔버스라고 하는 2차원 평면에 그 평면성을 돌려주면서 20세기 추상화의 가능성
에 대한 실험이 이루어진다. 고갱은 퐁 타벤에서 에밀 베르나르를 만나게 되고, 개성 강한
두 예술가의 만남은 서로에게 큰 영향을 미친다. 그 결과 탄생한 것이 화면을 분할해 사용
하는 이른바 분할주의다.

∷ 인상주의 · 후기 인상주의 ∷∷∷

타히티의 여인들 (혹은 해변 위에서)
폴 고갱(1848~1903), 1891, 캔버스에 유채, 69x91.5cm | 3층 44전시실 (Niveau Supérieur, Salle 44)

고갱은 나이 마흔을 앞두고 전업 화가로서의 삶을 선택해 한 편의 영화 같은 인생을 살다간 예술가였다.
화가의 길로 들어선 뒤, 잠시 프랑스에 건너가 있던 시기를 제외하곤 1891년부터 10년 동안 타히티에
머물렀다. 이 시기에 그려진 〈타히티의 여인들〉은 원시 그 자체인 열대이자 되찾은 순수를 담은 작품이다.
여인들은 양감을 거의 생략한 굵고 투박한 선을 통해 평면적으로 그려져 있고, 원색의 옷은 자연스럽게
열대를 연상시킨다. 오래된 그림 같은 거친 질감에서 낡고 촌스러운 듯하면서도 즉흥적인 그만의 스타일
을 엿볼 수 있다.

아레아레아
폴 고갱(1848~1903), 1892, 캔버스에 유채, 73x94cm | 3층 44전시실 (Niveau Supérieur, Salle 44)

그림 전경에 자리잡고 있는 크고 붉은 개 때문에 '붉은 개' 라는 애칭이 붙은 이 작품은 가장 성공한 고갱
의 작품 중 하나로 평가 받는다. 원주민들이 우상에게 제사를 올리는 장면을 배경으로 두 여인이 무심한
표정으로 앉아 있다. 그 주변의 붉은 개, 파란 나무, 검은 우상 그리고 타히티 여인들까지 모두 현실 속의
색이 아닌 환상적 색채를 띠고 있어 원시성 이외에 낙원에서의 휴식 같은 평화로움마저 느껴진다. 넓은
면으로 처리된 색들, 적절하게 배분된 삼원색과 사이사이의 검정과 흰색 등은 이 작품의 단순성이 어디서
오는 것인지를 일러준다.

라 벨 앙젤르
폴 고갱(1848-1903), 1889, 캔버스에 유채, 92x73cm ㅣ 3층 43전시실 (Niveau Supérieur, Salle 43)

앙젤르 사사트르라는 여인의 초상화인 이 그림은 고갱이 1889년 타히티에 머물다 다시 퐁 타벤을
찾았을 당시 그려진 작품이다. 고갱의 파격적인 취향과 색면을 통한 표현을 엿볼 수 있다. 그림 속에
그림을 그려 넣은 독특한 방식은 일본화의 영향을 받은 것이며, 왼쪽에 있는 자기는 열대 지방을 여행
한 것을 의미한다. 터치 대신 면 위주로 된 투박한 이 그림의 채색에서 고갱이 왜 인상주의자들을 떠났
는지를 짐작할 수 있으며, 이국적인 배경 속에 느닷없이 여인이 등장하는 것에서 역시 두 문명의
원시성을 종합해 내려는 의지가 엿보인다.

브르타뉴 여인들
폴 고갱(1848-1903), 1894, 캔버스에 유채, 66x92.5cm ㅣ 3층 49, 50전시실 (Niveau Supérieur, Salle 49, 50)

1894년 작인 이 그림은 고갱의 삶에서 가장 어려웠던 시기에 그려진 그림이다. 작품 속 여인들은 브르타
뉴 지방의 시골 아낙들이기보다는 크고 검은 발과 황토색의 투박한 얼굴이 마치 열대 타히티 여인들
처럼 보인다. 고갱은 자연에 기초해 그림을 그리는 인상주의를 벗어나 장식적인 화풍으로 종교적 의미를
지닌 그림들을 그려왔다. 이 그림에서도 색을 넓게 칠하는 장식적인 색면을 넓게 병치시켜 대지의
고요함과 노동의 신성함 등을 느끼게 한다.

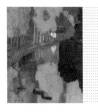

부적
폴 세뤼지에(1863-1927), 1888, 캔버스에 유채, 27x22cm ㅣ 3층 48전시실 (Niveau Supérieur, Salle 48)

1888년 가을, 고갱과 세뤼지에는 브르타뉴의 퐁 타벤에서 함께 그림을 그리고 있었다. 당시 고갱은
세뤼지에에게 다음과 같이 말했다. "저 나무가 어떻게 보이세요? 푸르게 보입니까? 그렇다면 푸르게
칠하세요. 저 그늘은 어떻습니까? 오히려 청색이죠? 그러면 가능한 한 파랗게 그리세요." 그래서 완성된
그림이 바로 이 작품이다. 첫인상을 중요시한다는 면에서 보면 인상주의와 동일하지만, 색은 터치로
세분화되지 않았으며 빛의 떨림 같은 것에도 신경을 쓰지 않았다. 풍경화이지만 추상화를 연상하게 할
정도로 넓은 색면들이 중첩되어 있다.

일상을 담은 그림들

인상주의 화가들은 집안일을 하는 여인들에게서도 아름다움을 발견했고, 이들을 기꺼이 화폭 안에 담았다. 이들 작품에 등장하는 여인들은 모두 빨래, 다림질, 바느질 등 일상 속의 자질한 일을 하고 있다. 모리조, 카사트와 같은 여성 화가뿐만 아니라, 르느와르, 드가, 피사로 같은 남성 화가들도 일상 속의 여인들을 즐겨 그렸다. 인상주의의 등장과 함께 고관대작의 부인이나 공주만 모델이 되었던 시대가 지나가고 일상 생활에 깃든 서정과 아름다움을 포착하고 그것을 그림의 대상으로 격상한 것이다.

요람

베르트 모리조(1841–1895), 1872, 캔버스에 유채, 56x46cm | 3층 30전시실 (Niveau Supérieur, Salle 30)

모리조는 마네의 동생과 결혼을 한 것으로 유명한 여성 화가이다. 이 그림은 제1회 인상주의전에 출품된 것으로, 갓 태어난 조카를 돌보는 여동생의 흐뭇한 모습을 담고 있다. 젊은 엄마는 한 손으로는 턱을 괴고 다른 한 손으로는 모슬린 천으로 된 요람의 커튼을 만지작거리며 잠이 든 아이를 조용히 내려다 보고 있다. 인상주의 이전이었다면 성모 마리아와 아기 예수를 통해 표현되었을 모정이 일상 속 풍경으로 옮겨오게 된 것이다.

책 읽는 여인

오귀스트 르느와르(1841–1919), 1874–1876, 캔버스에 유채, 46.5x38.5cm | 3층 32전시실 (Niveau Supérieur, Salle 32)

인물을 포함해 사물의 윤곽은 희생되었지만 그 대가로 화사한 분위기를 얻었다. 수없이 덧칠한 채색은 인물과 배경, 독서와 책, 옷과 인물 등 사물 간의 경계를 흐트러뜨리며 책에 몰두하고 있는 한 젊은 여인의 화사한 모습에 시적인 분위기를 부여하고 있다. 옷차림으로 보아 외출 중에 틈이 나자 잠깐 책을 읽는 모습으로, 부르주아 가정의 젊은 여인에게서 나오는 특유의 여유와 아름다움이 느껴진다.

바느질 하는 여인
마리 카사트(1844~1926), 1882, 캔버스에 유채, 92x65cm l 3층 33전시실 (Niveau Supérieur, Salle 33)

미국 여성 화가 마리 카사트의 작품으로 르느와르의 화풍을 거의 그대로 따르고 있다. 파리에 와서 드가의 소개로 인상주의자들을 사귀며 그림을 그렸던 카사트는 미국에 인상주의를 알린 최초의 화가이기도 하다. 레이스 조각을 만들고 있는 젊은 여인의 모습이 붉은색 꽃이 핀 배경과 어우러져 잔잔한 아름다움을 발산한다.

다림질 하는 여인들
에드가 드가(1834~1917), 1884~1886, 캔버스에 유채, 76x81.5cm l 3층 31전시실 (Niveau Supérieur, Salle 31)

이 작품은 드가 특유의 순간 포착이 돋보이는 그림이다. 한 여인은 힘을 주면서 다림질을 하고 있고 그 옆의 여인은 피곤한지 남의 시선을 아랑곳 하지 않고 크게 하품을 하고 있다. 일하는 여인들의 스스럼없는 동작과 표정을 통해 생활 그 자체를 한 편의 시로 승화시킨 그림이다.

빨래 너는 여인
카미유 피사로(1830~1903), 1887, 캔버스에 유채, 41x32.5cm l 3층 32전시실 (Niveau Supérieur, Salle 32)

일상 생활 속의 여인을 그린 그림 중에서 피사로의 〈빨래 너는 여인〉은 가장 탁월한 걸작으로 꼽힌다. 일하는 여인이 이 그림에서처럼 거의 완벽한 아름다움을 보여준 예는 일찍이 없었다. 화가는 이 여인에게 무지개 빛의 영롱한 색을 입혀놓고 있다. 대상은 빨래 너는 여인에 불과하지만 분위기는 거의 성화에 가깝다. 밀레의 그림을 연상시키는 윤곽이 흐릿한 인물들과 점묘로 이루어진 몽롱한 채색은 마치 꿈 속의 풍경을 연상시킨다.

세잔느

정물화는 풍경화와 함께 회화로 취급되지 않던 저급한 장르였다. 과일과 꽃, 사냥해서 잡은 짐승이나 죽은 생선들, 혹은 가구, 책, 악기 등 영혼이 없는 죽은 사물을 그린다는 이유로 정식 회화로 취급 받지 못한 것이다. 이런 현실에 본질적인 변화가 생긴 것은 사실주의가 등장하면서부터다. 프랑스에서 특히 심했던 이러한 경향은 쿠르베에 와서 풍경이나 정물이 그것 자체로 의미를 지니면서 극복된다. 오르세에는 19세기 중엽 이후에 그려진 사실주의와 인상주의 화가들의 정물화가 다수 전시되어 있는데, 특히 20세기 새로운 회화의 문을 연 세잔느의 주옥 같은 정물화들을 볼 수 있다.

성 안토니우스의 유혹
폴 세잔느(1839~1906), 1877, 캔버스에 유채, 47x56cm | 3층 36전시실 (Niveau Supérieur, Salle 36)

성 안토니우스는 서기 3~4세기 경 이집트 사막에서 수도를 할 때 악마들이 미인, 권력, 음식 등으로 유혹했지만 이를 극복해 성자로 추앙 받는 인물이다. 많은 화가와 작가들이 작품 속에서 그를 묘사했는데, 세잔느의 이 그림은 단지 주제만 빌려온 작품이다. 세잔느는 성자가 유혹을 받는 장면 대신 선과 색을 종합할 수 있는 터치들을 통해 숲과 인체의 조형적 조화를 시험하고 있다. 성자는 뒤에 있는 나무와 거의 하나가 되어 있고, 누드의 여인도 몸을 가리고 있는 천과 구별이 되지 않는다. 이 그림은 세잔느가 회화를 통해 도달하려고 했던 목표가 이야기가 아니라 순수하게 조형적인 성격의 작업이었음을 일러준다. 그러므로 여기서 악마는 화가에게 손쉬운 그림을 그리라고 속삭이는 내면에서 나오는 목소리이기도 하다.

맹시 다리
폴 세잔느(1839~1906), 1879, 캔버스에 유채, 58.5x72.5cm | 3층 36전시실 (Niveau Supérieur, Salle 36)

〈맹시 다리〉는 파리 교외에 있는 작은 마을 믈렁에 있는 다리를 그린 그림이다. 인상주의를 서서히 벗어나 독자적인 길을 찾던 세잔느의 모든 것이 이 그림에 들어있다. 수직선과 수평선, 원과 사각형 그리고 사선 등 서로 다른 형태들이 때론 움직임을 나타내는 선으로, 때론 양감으로 적은 양의 빛에도 반응하며 어울려 있다. 오래된 작은 나무 다리와 천천히 흐르는 개천 그리고 주변의 나무들은 인상주의 회화에서와는 달리 형태와 색이 요구하는 미학을 동시에 충족시키고 있는 것이다. 그림은 이런 이유로 견고하면서도 서정적인 울림을 전달하고 있다.

목욕하는 사람들

폴 세잔느(1839-1906), 1890-1892, 캔버스에 유채, 60x82cm l 3층 36전시실 (Niveau Supérieur, Salle 36)

세잔느는 〈목욕하는 사람들〉이라는 같은 제목의 그림을 여러 점 그렸다. 이 그림에서처럼 남자들을 그리기도 하고 때론 여자들을 등장시키기도 했다. 어떤 경우이든, 세잔느는 이 주제에서 자연과 인간의 조화를 추구했다. 화가였던 세잔느는 때론 대지의 색을 띠기도 하고, 때론 하늘이나 숲의 색으로 물들어있는 인체들을 통해 이 자연과 인간의 조화를 표현하려고 했다. 황토색의 육체들, 푸른 나무와 흰 구름은 색과 움직임들을 통해 서서히 하나가 되어가고 있다.

카드놀이 하는 사람들

폴 세잔느(1839-1906), 1890-1895, 캔버스에 유채, 47.5x57cm l 3층 36전시실 (Niveau Supérieur, Salle 36)

서로 다른 크기의 판본 다섯 점이 존재하는 이 그림은 세잔느 작품 가운데 가장 많이 알려진 그림들 중 하나다. 첫 작품에는 인물이 여럿 등장하지만 갈수록 그 수가 줄어 오르세에 있는 마지막 작품에 이르면 두 사람만 남는다. 탁자 위에 아무것도 없는 것으로 보아 단순히 카페에서의 심심풀이 중인 듯한 이 장면에서는 그림의 구도가 묘한 긴장감을 만들어내고 있다. 식탁 위 술병을 중심으로 모자, 카드, 손과 팔의 자세, 얼굴을 숙인 정도에 이르기까지 거의 모든 것들이 대칭을 이루고 있는 동시에 미세한 차이점들이 무수히 존재한다. 모자와 재킷의 형태와 색, 카드 색깔 등 이러한 차이가 그림에 생동감과 빛을 던져주고 있는 것이다. 세잔느는 대칭과 차이점들을 이용해 그림에 생명을 불어 넣는 새로운 실험을 하고 있다.

커피 포트가 있는 여인의 초상화

폴 세잔느(1839-1906), 1890-1895, 캔버스에 유채, 130.5x96.5cm l 3층 36전시실 (Niveau Supérieur, Salle 36)

몇 가지 기본적인 도형을 변형시킨 듯한 기하학적 형태가 보이는 이 그림은 세잔느 고유의 테크닉과 예술 철학이 발휘되기 시작한 작품이다. 문은 직사각형들이 정확한 좌우대칭을 이루며, 그 앞의 테이블 위에는 원통형인 두 개의 사물, 커피 포트와 잔이 놓여 있다. 여인은 원과 피라미드 구성을 이룬다. 이처럼 경직되어 있는 작품 속 구도는 묘한 생동감을 발휘하며, 서로 다른 시점에서 그려진 불안한 구도의 오브제들은 팽팽한 긴장감을 느끼게 한다. 인물을 함께 묘사할 때도 세잔느의 관심은 여인의 외모나 내면보다는 사물의 형태를 구성하는 기본적인 기하학적 요소들을 추출해 내는데 있음을 엿볼 수 있다.

물가의 여인들

오귀스트 르누아르(1841-1919), 1918~1919, 캔버스에 유채, 110x160cm | 3층 39전시실 (Niveau Supérieur, Salle 39)

류마티스즘에 걸린 노화가 르누아르가 붕대로 팔에 붓을 묶은 채 완성시킨 마지막 작품이다. 17세기 루벤스의 그림을 연상시키는 뚱뚱한 두 여인이 그림 전면에 길게 누워 있고, 뒤로는 다른 세 여인이 물 속에서 장난을 치고 있다. 여인들의 몸은 주변의 나무나 풀들과 구분이 안 될 만큼 뒤섞여 마치 자연의 일부인 듯하고, 살결의 움직임과 나뭇잎의 움직임도 유사하다. 나이 여든이 다 되어 그린 이 그림에서 밝고 화사한 색감과 풍만한 여체를 통해 표현된 삶에 대한 강렬한 의지를 엿볼 수 있다. 작품이 완성된 1919년은 르누아르가 숨을 거둔 해이자, 제1차 세계대전이라는 재앙이 끝난 직후였다. 노화가의 생에 대한 송가와도 같은 이 작품에서 영령들에 대한 위로와 전쟁 없는 유토피아에 대한 진한 향수를 느낄 수 있다.

노적가리, 지베르니의 늦여름

클로드 모네(1840-1926), 1891, 캔버스에 유채, 60.5x100.5cm | 3층 34전시실 (Niveau Supérieur, Salle 34)

1870년대까지 다른 인상주의 화가들처럼 파리지엥들의 일상사와 센느 강 인근의 풍경을 주로 묘사하던 모네는 1880년대 들어서 파리 북부의 지베르니에 손수 정원을 가꾸고 머물며 정원과 인근의 자연을 화폭에 담았다. 같은 풍경을 반복해서 그리는 연작 형태의 작품을 선보였는데, 노적가리 연작도 그중 하나다. 늦여름의 긴 햇살을 받은 노적가리는 마치 사막 위의 피라미드처럼 빛의 덩어리가 되어 하늘로 올라갈 것만 같다. 후일 칸딘스키가 화가의 길로 들어서는 계기가 된 그림이기도 하다. 사실 모네의 그림은 거의 추상화 직전의 단계까지 가 있다.

수련 연못, 적색 하모니

클로드 모네(1840-1926), 1900, 캔버스에 유채, 89.5x100cm | 3층 34전시실 (Niveau Supérieur, Salle 34)

모네는 흔히 '수련의 화가'로 불리기도 할 정도로 수많은 연작을 그렸다. 이 〈적색 하모니〉도 그중 하나인데, 가장 성공한 연작 중 하나다. 가을이 찾아와 서서히 단풍이 들면서 한 여름 짙푸르던 생명의 숨가쁜 축제가 끝나가는 정원에서 모네는 그 자리에 그대로 다시 앉아 자연의 변화와 훨씬 짧아진 햇볕을 그리고 있다. 이 그림은 모네의 〈수련 연못, 녹색 하모니〉를 비롯한 다른 수련화들과 함께 보아야 할 것이다.

PRACTICAL INFORMATION TO VISIT |

오르세 관람을 위한 실용정보

오르세 관람 일정에 차질을 빚지 않으려면 실용정보들을 수시로 참고할 필요가 있다. 특히 월요일이 정기 휴관일이라는 점을 유의해야 할 것이고, 밤 9시 45분까지 야간관람이 가능한 목요일을 이용하면 파리 여행시 시간을 절약하며 오르세를 관람 할 수 있다. 야간관람의 경우, 9시까지만 입장권을 발매하며 9시 15분부터 관람객들에게 퇴장을 종용함으로 여유롭게 관람을 하려면 오후 7시 전후해서 입장을 하는 것이 바람직하다.

위치 및 연락처 Location & Contact

위치 1, rue de la Légion d'honneur, 75007 Paris
우편주소 Musée d'Orsay 62 rue de Lille 75343 Paris Cedex 07
전화 ☎ (01) 40 49 48 14
웹사이트 www.musee-orsay.fr

개관시간 Opening Hours

각 전시실마다 개관 스케줄의
변동이 있을 수 있으므로, 오르세
웹사이트에서 그때그때 미리
확인해 보는 것이 좋다.

개관시간 09:30~18:00
야간개관 목요일 21:45까지
휴관일 월요일, 1월 1일, 5월 1일, 12월 25일

가는 방법 Getting to the Orsay

지하철 Métro
12호선 솔페리노Solférino 역, RER C선 오르세 박물관Musée d'Orsay 역

버스 Bus
24, 63, 68, 73, 83, 84, 94번 또는 파리 오픈 투어 버스Paris Open Tour bus 이용

바토뷔스 Batobus
정류장 오르세 박물관Musée d'Orsay에 하차

입장료 Admission Fees

상설 전시 €8 / €5.5(18~30세, 16:15 이후 입장, 화요일 18:00 이후 입장)

오르세 + 로댕 박물관 패키지 €12

무료 입장 매월 첫째 일요일, 18세 미만

입구 안내 Entrance

오르세 입구는 박물관 정면 광장을 중심으로 크게 왼쪽과 오른쪽으로 나뉜다. 현장에서 티켓을 구입하고자 하는 개인 관람객은 왼쪽 입구, 단체 관람객 및 사전 티켓 구매 관람객은 오른쪽 입구를 통해 입장한다.

티켓 구입 Ticket Purchase

현장 구입
박물관 광장에서 오른쪽 입구로 입장하며, 티켓 부스는 09:00~17:00까지 운영한다.

온라인 구입
긴 줄을 기다리지 않으려면 온라인으로 미리 입장권을 구매하는 방법도 있다. 단, 이 경우에는 우편을 통해 미리 티켓을 수령해야 하며, 이에 따른 추가 수수료를 내야 한다.
온라인 구입은 www.fnac.fr과 www.ticketnet.fr에서 가능하다.

기타 구입 장소
파리 시내의 다음과 같은 곳에서도 오르세 입장권을 구입할 수 있다.
Fnac, Carrefour, Leclerc, Auchan, Le Bon Marché, Galeries Lafayette, Virgin Mégastore

파리 박물관 패스 Paris Museum Pass
파리 박물관 패스는 60여 개의 박물관과 관광 명소들을 긴 줄을 서지 않고도 입장할 수 있는 패스이다. 오르세뿐만 아니라 루브르 박물관, 피카소 박물관, 로댕 박물관, 베르사유 궁, 퐁피두 센터 등이 포함되어 있다. 2일, 4일, 6일짜리 패스가 있으며, 가격은 각각 30유로, 45유로, 60유로이다. 각 박물관과 지하철 역, 파리 관광청 사무소 등에서 구입할 수 있다.
• 전화 (01) 44 61 96 60
• 웹사이트 www.parismuseumpass.com

편의시설 Amenities

오디오 가이드 투어 Audio Guide Tour
성인 관람객을 대상으로 영어, 프랑스 어, 독일어, 스페인 어, 이탈리아 어 등 8개국어로 오디오 가이드를 제공한다. 상설 전시는 물론, 특별 전시도 포함된다.

장비 대여 및 물품 보관소 Loan of Equipment & Cloakrooms
유모차, 휠체어 무료 대여(신분증 지참)

서점 및 기념품점 Bookshop & Gift Shop
• 1층에 위치
• 19세기 후반부터 20세기 초까지의 서적을 포함해 엽서, 포스터 등 기념물을 구입할 수 있다.
• 영업시간 화~일요일 09:30~18:30(목요일은 21:30까지 영업)

레스토랑 Restaurant
• 오르세 2층에 위치
• 매주 목요일에는 저녁 식사를 즐길 수 있으며, 일요일에는 브런치 메뉴도 가능하다.
• 영업시간 점심 11:45~14:45, 애프터눈 티 15:30~17:30(목요일 제외), 저녁 19:00~21:30(목요일만)
• 예약 전화 (01) 45 49 47 03 / 이메일 restaurants.orsay.rv@elior.com

카페 Cafes
• 카페 데 오퇴르Café des Hauteurs : 꼭대기 층 시계 뒤편에 위치. 5월에서 11월에는 테라스 이용 가능
　　　　　　　　　　　　　　　영업시간 수~일요일 10:00~17:00, 목요일 10:30~21:00
• 메자닌Mezzanine : 간단한 패스트푸드를 즐길 수 있는 곳
　　　　　　　　　영업시간 09:30~17:00(일요일 및 하절기 10:00~17:00)

유실물 센터 Lost Property Centre
• 우편주소 Musée d'Orsay, Lost Property Department, 62 rue de Lille, 75343 Paris
• 전화 (01) 44 61 96 60

LES VACANCES
MUST ORSAY

가이드 투어 Guide Tour

오르세에서는 성인(만 13세 이상부터 참가 가능)을 대상으로 가이드 투어를 제공하고 있다.
크게 전시 전반을 훑어볼 수 있는 투어와 19세기 예술을 집중적으로 살펴보는 투어, 두 가지
프로그램이 마련되어 있다. 영어로 진행되며, 프랑스 어 가이드를 원할 경우, 별도로 문의해야
한다. 가이드 투어 신청은 당일 박물관 매표소에서 할 수 있으며, FNAC 웹사이트
(www.fnac.com)에서는 사전 예약 구매가 가능하다.

- 소요시간 : 90분
- 요금 : 성인 €7.50, 청소년(13~17세) €5.70

오르세의 발견 Discovering the Musée d'Orsay
1848년부터 1914년 사이의 프랑스 미술사의 흐름을 엿볼 수 있다.

- 오르세의 대표 작품 Masterpieces of the Musée d'Orsay
  일정 : 매일 화~토 11:30 (9월 20일, 11월 1일, 11월 11일, 12월 25일, 1월 1일은 제외)
- 오르세의 발견 Discovering the Musée d'Orsay
  일정 : 6월 3일~9월 25일, 매주 화요일 16:00

19세기 예술 Ninteeenth-century Art
미술 사조의 흐름과 예술 이론을 통해 19세기 예술을 좀 더 깊이 있게 살펴볼 수 있다.

- 반 고흐부터 마티스까지 From Van Gogh to Matisse
  일정 : 11월, 1월 매주 화요일 14:30
- 인상주의 화가들 The Impressionists
  일정 : 9월 화~토 14:30 / 10월 화 14:30, 목 16:00 / 11월 목 16:00 / 12월 화 14:40, 목 16:00 /
  1월 목 16:00

MAP 오르세 층별 도면

1층 Rez-de-chaussée

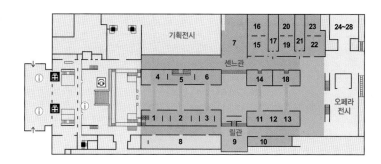

2층 Niveau Médian

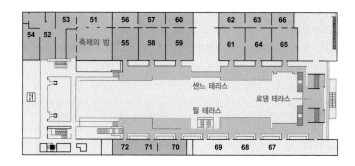

3층 Niveau Supérieur

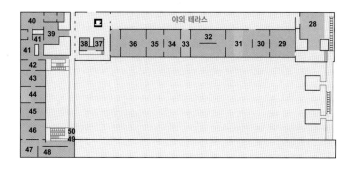

■ 조각　　□ 건축

■ 회화　　■ 장식 예술　　□ 사진실

ⓘ 안내소　　🔊 오디오 가이드　　🍴 레스토랑

🖥 카페　　✚ 기념품·서점

I N D E X